“十四五”职业教育国家规划教材

“十三五”职业教育国家规划教材（修订版）

高等职业教育智能制造领域人才培养系列教材

工业机器人技术专业

工业机器人
离线编程与仿真

第2版

主　编　宋云艳　隋　欣

副主编　田　媛　于周男

参　编　李　洁　唐　敏　朱永丽

U0191029

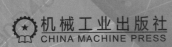

机械工业出版社

CHINA MACHINE PRESS

本书是"十四五"职业教育国家规划教材。本书是"十三五"职业教育国家规划教材《工业机器人离线编程与仿真》的修订版。本书以ABB RobotStudio 6.01作为仿真工具，选择工业机器人搬运、码垛和激光切割作为工业机器人离线编程与仿真操作的实用案例，选择模拟焊接工作站及带输送链的工业机器人工作站作为构建仿真工作站的应用案例。本书的主要内容包括离线编程仿真软件的安装、搬运机器人的离线编程与仿真、码垛机器人的离线编程与仿真、激光切割机器人的离线编程与仿真、工业机器人工作站的构建及轨迹仿真以及工业机器人输送码垛工作站的构建与仿真。全书项目根据需要设置了学习目标、项目描述、知识链接、项目实施、项目拓展、项目评价以及机器人小讲堂等栏目，学生可以实现从工业机器人仿真零基础到能够独立建立相对复杂的工业机器人工作站的转变。

本书采用双色印刷，内容选择合理，结构清楚，面向应用，适合作为高等职业院校工业机器人技术、电气自动化技术、机电一体化技术和工业过程自动化技术等专业的教学用书，也可作为工程技术人员的培训教材。

本书配有微课视频，读者可以扫描书中的二维码观看。本书还配有电子课件，凡使用本书作为教材的教师可登录机械工业出版社教育服务网（www.cmpedu.com）注册后下载。咨询电话：010-88379375。

图书在版编目（CIP）数据

工业机器人离线编程与仿真 / 宋云艳，隋欣主编 . —2 版 . —北京：机械工业出版社，2022.11（2025.1 重印）

"十三五"职业教育国家规划教材：修订版 高等职业教育智能制造领域人才培养系列教材 . 工业机器人技术专业

ISBN 978-7-111-71967-0

Ⅰ . ①工… Ⅱ . ①宋… ②隋… Ⅲ . ①工业机器人—程序设计—高等职业学校—教材②工业机器人—计算机仿真—高等职业学校—教材 Ⅳ . ① TP242.2

中国版本图书馆 CIP 数据核字（2022）第 206179 号

机械工业出版社（北京市百万庄大街 22 号 邮政编码 100037）

策划编辑：薛 礼 责任编辑：薛 礼 王海峰
责任校对：张晓蓉 王明欣 封面设计：鞠 杨
责任印制：任维东

天津嘉恒印务有限公司印刷

2025 年 1 月第 2 版第 9 次印刷

184mm×260mm · 13.25 印张 · 317 千字

标准书号：ISBN 978-7-111-71967-0

定价：45.00 元

电话服务	网络服务
客服电话：010-88361066	机 工 官 网：www.cmpbook.com
010-88379833	机 工 官 博：weibo.com/cmp1952
010-68326294	金 书 网：www.golden-book.com
封底无防伪标均为盗版	机工教育服务网：www.cmpedu.com

关于"十四五"职业教育
国家规划教材的出版说明

为贯彻落实《中共中央关于认真学习宣传贯彻党的二十大精神的决定》《习近平新时代中国特色社会主义思想进课程教材指南》《职业院校教材管理办法》等文件精神，机械工业出版社与教材编写团队一道，认真执行思政内容进教材、进课堂、进头脑要求，尊重教育规律，遵循学科特点，对教材内容进行了更新，着力落实以下要求：

1. 提升教材铸魂育人功能，培育、践行社会主义核心价值观，教育引导学生树立共产主义远大理想和中国特色社会主义共同理想，坚定"四个自信"，厚植爱国主义情怀，把爱国情、强国志、报国行自觉融入建设社会主义现代化强国、实现中华民族伟大复兴的奋斗之中。同时，弘扬中华优秀传统文化，深入开展宪法法治教育。

2. 注重科学思维方法训练和科学伦理教育，培养学生探索未知、追求真理、勇攀科学高峰的责任感和使命感；强化学生工程伦理教育，培养学生精益求精的大国工匠精神，激发学生科技报国的家国情怀和使命担当。加快构建中国特色哲学社会科学学科体系、学术体系、话语体系。帮助学生了解相关专业和行业领域的国家战略、法律法规和相关政策，引导学生深入社会实践、关注现实问题，培育学生经世济民、诚信服务、德法兼修的职业素养。

3. 教育引导学生深刻理解并自觉实践各行业的职业精神、职业规范，增强职业责任感，培养遵纪守法、爱岗敬业、无私奉献、诚实守信、公道办事、开拓创新的职业品格和行为习惯。

在此基础上，及时更新教材知识内容，体现产业发展的新技术、新工艺、新规范、新标准。加强教材数字化建设，丰富配套资源，形成可听、可视、可练、可互动的融媒体教材。

教材建设需要各方的共同努力，也欢迎相关教材使用院校的师生及时反馈意见和建议，我们将认真组织力量进行研究，在后续重印及再版时吸纳改进，不断推动高质量教材出版。

机械工业出版社

第2版前言

党的二十大报告指出：教育、科技、人才是全面建设社会主义现代化国家的基础性、战略性支撑；统筹职业教育、高等教育、继续教育协同创新，推进职普融通、产教融合、科教融汇，优化职业教育类型定位。当前，科教兴国战略已经成为国家战略的重要组成部分，高职教育的地位日益重要，高质量的创新型人才培养已经成为实施科教兴国战略的重要举措之一。编写本书旨在贯彻落实国家科教兴国战略，推动工业机器人技术的应用和创新，为我国现代化建设提供有力的人才支撑和技术支持。

目前，工业机器人在各个工业领域应用越来越广泛，各企业对工业机器人技术人才的需求不断增加，这就要求应用型高等院校培养从事工业机器人技术专业的高技能应用型人才。本书第1版为"十三五"职业教育国家规划教材。本书在第1版的基础上，对软件版本进行了统一，使读者练习操作时更加方便。本书采用项目式编写体例，包含学习目标、项目描述、知识链接、项目实施、项目拓展、项目评价以及机器人小讲堂等内容。

本书是针对技术技能应用型人才的特点，结合企业的需求以及教育部对工业机器人应用编程及工业机器人集成应用两个职业技能等级证书中级考核中对离线编程的要求编写的。本书选用了目前企业应用最广泛的ABB工业机器人离线编程仿真软件RobotStudio，按照离线编程与仿真的要求，分为工业机器人的离线编程仿真和机器人工作站仿真建模两部分。其中，工业机器人搬运、码垛和激光切割三个项目为离线编程仿真的应用，焊接工作站以及带输送链的工业机器人工作站的构建为机器人工作站仿真建模的应用。本书既能满足工业机器人技术专业的教学需求，又能使学生了解工业机器人离线编程与仿真在实际应用中的作用，以及常用工业机器人工作站系统的构建方法。本书在编写时考虑到课程涉及的知识点多、内容广等特点，以及高等职业院校学生的知识现状、学习特点，结合生产实际，以简单的案例带动知识点开展学习，以点盖面，注重培养学生解决实际问题的能力。同时，依据工业机器人技术专业人才培养方案中对学生的素质要求，深度挖掘项目知识点和技能点所蕴藏的素质教育元素。在每个项目中加入"机器人小讲堂"栏目，将爱国情怀、职业素养、工匠精神、劳动教育以及劳模精神等与课程内容有机融合，充分发挥课堂教学主渠道作用。

本书内容选择合理，结构清楚，面向应用，可作为高等职业院校工业机器人技术、电气自动化技术、机电一体化技术和工业过程自动化技术等相关专业的教材。

本书由长春职业技术学院宋云艳和隋欣任主编，长春职业技术学院田媛和于周男任副主编，宋云艳负责全书的统稿工作。长春职业技术学院李洁、唐敏和重庆工程职业技术学院朱永丽参与了编写。宋云艳和朱永丽编写项目1，宋云艳编写项目4，唐敏和李洁编写项目2，于周男编写项目3，田媛编写项目5，隋欣编写项目6，书中的工作站由于周男和隋欣进行建模。本书在编写过程中参考了大量的书籍、文献及手册资料，在此向相关作者表示诚挚谢意！

由于编者水平有限，书中难免有不恰当之处，敬请读者批评指正。

编　者

第1版前言

目前，工业机器人在工业领域应用得越来越广泛，各企业对工业机器人技术人才的需求不断增加，这就要求应用型高等院校培养从事工业机器人编程并能使用该技术的高技能应用型人才，从而满足企业对生产现场的控制需要。

本书是针对应用型人才培养的特点，结合企业的需求，以及教育部对工业机器人应用编程及工业机器人集成应用两个职业技能等级证书中级考核中对离线编程的要求编写的。本书选用了目前企业应用最广泛的ABB工业机器人离线编程仿真软件RobotStudio，按照离线编程与仿真的要求分为工业机器人的离线编程仿真和机器人工作站的构建两部分，选择了工业机器人搬运、码垛和激光切割作为离线编程仿真的应用案例；选择焊接工作站以及带输送链的工业机器人工作站的构建作为软件的工作站仿真建模应用案例。本书既能满足工业机器人技术专业的教学需求，又能使学生了解工业机器人离线编程与仿真在实际应用中的作用，以及常用工业机器人工作站的构建方法。本书在编写时考虑到课程涉及的知识点多、内容广等特点，以及学生的知识现状和学习特点，结合生产实际，以简单的案例带动知识点开展学习，以点带面，注重培养学生解决实际问题的能力。同时依据工业机器人技术专业人才培养方案中对学生素质的要求，深度挖掘项目知识点和技能点所蕴含的素质教育元素，加入中国机器人专家介绍，将爱国情怀、职业素养、工匠精神、劳动教育、劳模精神等与课程内容有机融合，充分发挥课堂教学主渠道作用。

本书内容选择合理，结构清楚，面向应用，适合作为高等职业院校工业机器人技术、电气自动化技术、机电一体化技术和工业过程自动化技术等专业的教学用书，也可作为工程人员的培训教材。

本书由长春职业技术学院的宋云艳和周佩秋任主编，长春职业技术学院的李冠男和周蒐任副主编，长春职业技术学院的隋欣、于周男和王海霞参与了本书的编写。宋云艳完成了全书的统稿工作。第1章、第5章由周佩秋和于周男编写；第2章由隋欣和王海霞编写；第3章、第4章由宋云艳编写；第6章由李冠男和周蒐编写。本书在编写过程中参考了大量的书籍、文献及手册资料，在此向各相关作者表示诚挚谢意。由于编者水平有限，书中难免有不恰当之处，敬请读者批评指正。

编者

二维码索引

名称	二维码	页码	名称	二维码	页码
设置 I/O 单元		22	带参数的例行程序		79
设置 I/O 信号		25	激光切割路径		86
工具数据的设定		26	目标点调整		89
设定左侧盛有火花塞的托盘的工件坐标系		29	轴配置参数的设置		91
目标点的示教		47	加载工业机器人工具		110
关节运动范围的设定		48	工作台装载		112
数组的创建		78	工业机器人系统构建步骤		116

（续）

名称	二维码	页码	名称	二维码	页码
输送链产品源的设置		142	夹具属性的设置		154
输送链运动属性		144	检测传感器的设置过程		155
输送链面传感器的设置		145	拾取和放置动作		158
创建属性连结		147	设定工作站逻辑		169
创建信号连结		149			

目录

项目 1
PROJECT 1

离线编程仿真软件的安装

【学习目标】

知识目标：

1. 了解工业机器人离线编程与仿真应用技术。
2. 熟悉 RobotStudio 软件的操作界面。

能力目标：

1. 能完成工业机器人离线编程和仿真软件 RobotStudio 的安装。
2. 能根据操作要求准确找到各个操作界面。

【项目背景】

学习离线编程软件的前提是安装，本项目通过 ABB RobotStudio 软件的安装过程详细介绍该软件的安装方法，学生应熟悉软件界面，为后面各项目的实施做好准备。

【项目描述】

本项目将完成 ABB RobotStudio 6.01 离线编程仿真软件的安装。

【知识链接】

一、工业机器人仿真技术

工业自动化的市场竞争压力日益加剧，客户在生产中要求更高的效率，以降低价格、提高质量。如今让机器人编程在新产品之始花费时间去检测或运行是行不通的，因为这意味着要停止所有的生产以对新的或修改的部件进行编程。不首先验证到达距离及工作区域，而冒险制造刀具和固定装置已不再是首选方法。现代生产厂家在设计阶段就会对新部件的可制造性进行检查。在为机器人编程时，离线编程可与建立机器人应用系统同时进行。

工业机器人离线编程仿真的意义如下：

1）有助于设计时进行机器人选型，试验机器人可达性，避免机器人定型后无法完成工作。

2）可实现离线编程，即无需人工在现场示教，利用仿真软件选好机器人品牌就可以进行轨迹编程，降低人工劳动强度。

3）提高现场的安全性和工作效率，避免现场对干涉区机器人碰撞的风险，节约时间。

4）大大节约操作时间，多数离线编程程序可直接应用于现场，只需精确示教关键点即可。

5）测试生产节拍，避免设计产能不足。

6）可以离线对机器人进行配置及逻辑测试。

主流的工业机器人虚拟仿真软件包括 ABB 公司的 Robotstudio、FANUC 公司的 Roboguide 以及 Catia 公司 Delmia 等，国内的离线编程软件 PQart 等也越来越成熟，并能兼容大部分品牌的机器人。

二、ABB离线编程与仿真软件 RobotStudio

RobotStudio 是当前市场上离线编程领域的领先产品，是针对 ABB 机器人开发的。它包含了 ABB 所有的机器人，有模拟示教器和与真实示教器相同的功能和操作。可以在软件里模拟出真实的使用环境并进行编程，然后把做好的项目直接下载到现场的控制器里。RobotStudio 软件的主要功能如下：

1）在 RobotStudio 中可以模拟真实的使用环境，利用模拟示教器，可以和真实的示教器一样进行操作和编程，并进行工业机器人工作站的动作模拟仿真以及周期节拍，为工程的实施提供真实的验证。

2）CAD 导入。RobotStudio 可以很容易地将各种主要的 CAD 格式导入数据，包括 IGEA、STEP、VRML、VDAFS、ACIS 及 CATIA。通过使用此类非常精确的 3D 模型数据，机器人程序设计员可以生成更为精确的机器人程序，从而提高产品质量。

3）自动生成路径。这是 RobotStudio 最节省时间的功能之一，通过使用待加工部件的 CAD 模型，可在短短几分钟内自动生成跟踪曲线所需的机器人位置。如果人工执行此任务，则可能需要数小时或数天。

4）自动分析伸展能力。此功能可让操作者灵活移动机器人或工件，直至所有位置均可达到。可在短短几分钟内验证和优化工作单元布局。

5）碰撞检查。在 RobotStudio 中，可以对机器人在运动过程中是否可能与周边设备发生碰撞进行验证与确认，以确保机器人离线编程得出的程序的可用性。

6）在线作业。使用 RobotStudio 与真实的机器人进行连接通信，对机器人进行便捷的监控、程序修改、参数设定、文件传送及设备恢复的操作，使调试与维护工作更轻松。

7）应用功能包。针对不同的应用推出功能强大的工艺功能包，将机器人更好地与工艺应用进行有效的融合。

8）二次开发。提供功能强大的二次开发平台，使机器人应用实现更多的可能，满足机器人的科研需要。

【项目实施】

一、安装RobotStudio软件

1. RobotStudio软件的下载

RobotStudio 软件的下载步骤见表 1-1。

表 1-1　RobotStudio 软件的下载步骤

图　　例	步　　骤
	**第1步**　打开浏览器，在地址栏中输入如下网址 www.robotstudio.com，进入 ABB 官方网站

（续）

图　例	步　骤
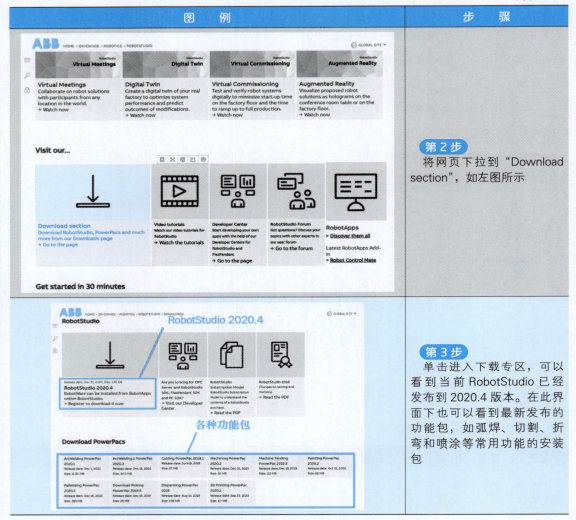	**第2步** 将网页下拉到"Download section"，如左图所示 **第3步** 单击进入下载专区，可以看到当前RobotStudio已经发布到2020.4版本。在此界面下也可以看到最新发布的功能包，如弧焊、切割、折弯和喷涂等常用功能的安装包

2. RobotStudio软件的安装

本书所有的工作站都是基于 RobotStudio 6.01 版本建立的，下面介绍仿真软件的安装过程。安装环境的要求见表1-2。

表1-2　安装环境的要求

序　号	硬　件	要　求
1	CPU	i5 或以上
2	内存	2GB 或以上
3	硬盘	空闲空间 20GB 以上
4	显卡	独立显卡
5	操作系统	Windows7 或以上

RobotStudio 软件的安装步骤见表 1-3。

表 1-3　RobotStudio 软件的安装步骤

图　例	步　骤
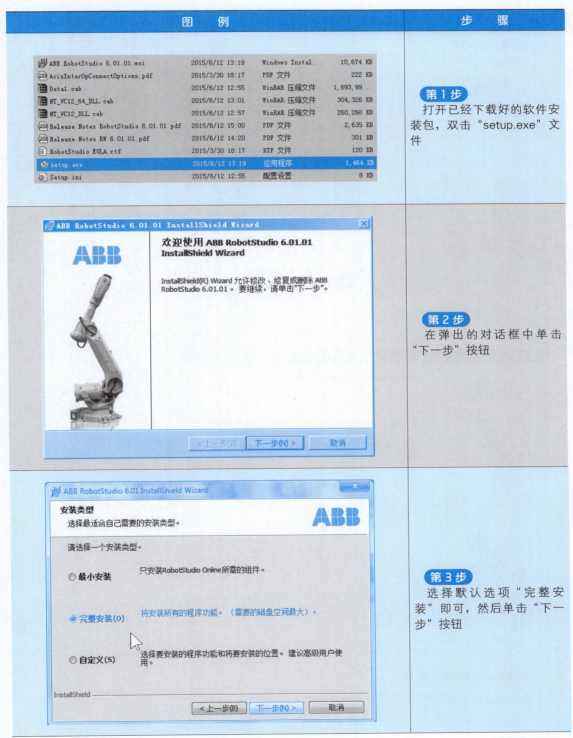	**第1步**　打开已经下载好的软件安装包，双击"setup.exe"文件
	第2步　在弹出的对话框中单击"下一步"按钮
	第3步　选择默认选项"完整安装"即可，然后单击"下一步"按钮

（续）

图　例	步　骤
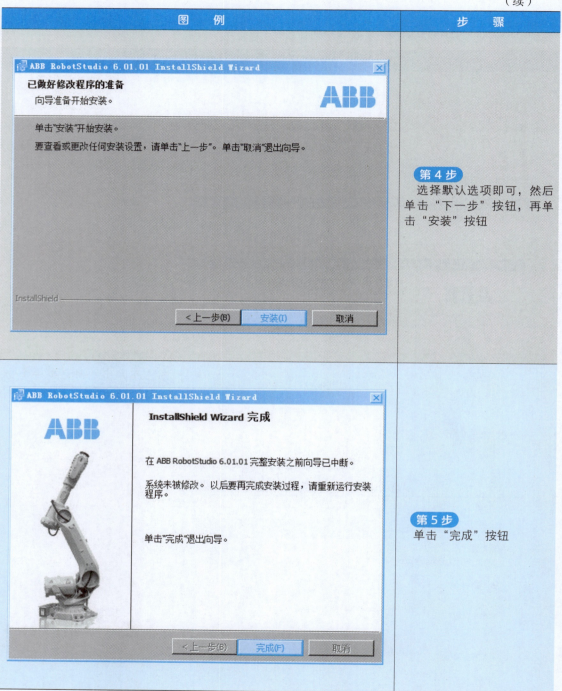	**第 4 步** 　选择默认选项即可，然后单击"下一步"按钮，再单击"安装"按钮 **第 5 步** 单击"完成"按钮

3. RobotStudio软件的授权

RobotStudio 软件的授权步骤见表1-4。

表 1-4　RobotStudio 软件的授权步骤

图　　例	步　　骤
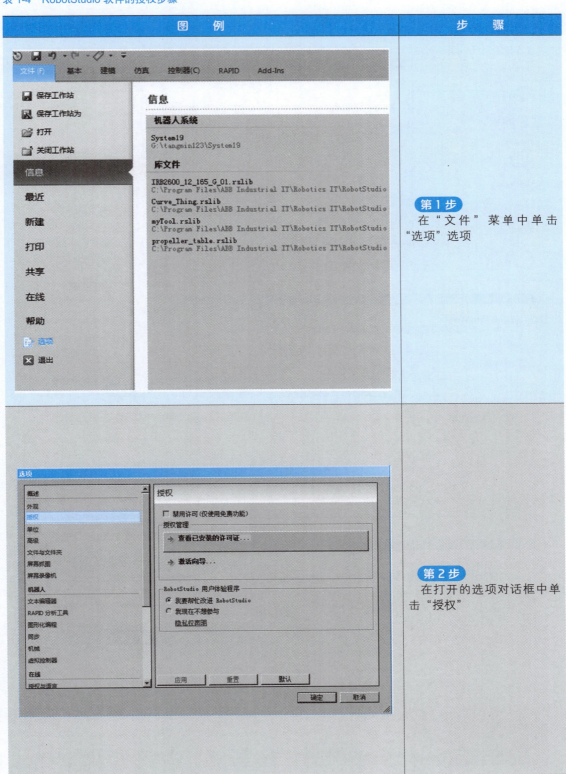	**第1步**　在"文件"菜单中单击"选项"选项
	第2步　在打开的选项对话框中单击"授权"

（续）

图　例	步　骤
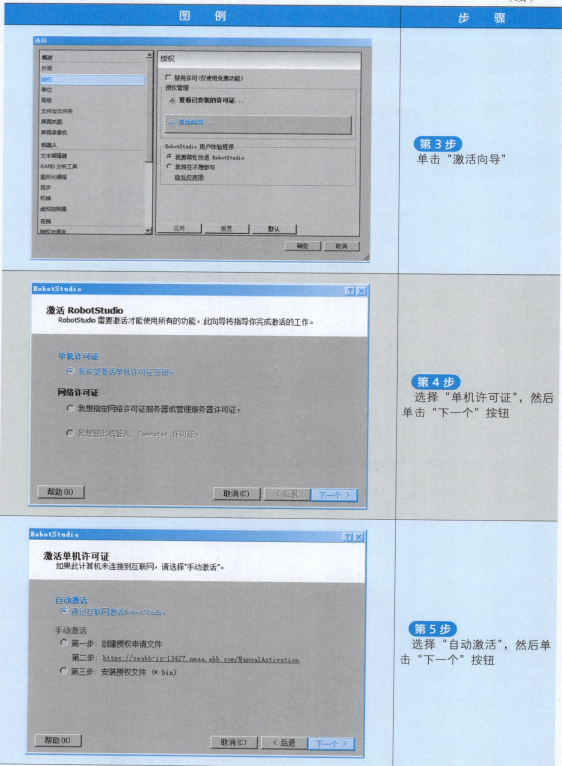	**第3步** 单击"激活向导" **第4步** 选择"单机许可证"，然后单击"下一个"按钮 **第5步** 选择"自动激活"，然后单击"下一个"按钮

（续）

图　例	步　骤
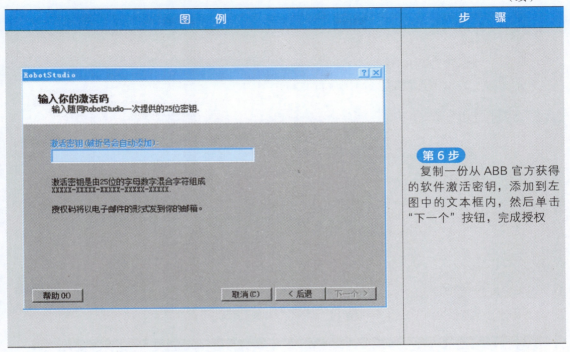	**第6步** 复制一份从 ABB 官方获得的软件激活密钥，添加到左图中的文本框内，然后单击"下一个"按钮，完成授权

二、认识RobotStudio软件界面

1. RobotStudio软件界面

RobotStudio 软件主界面包括"文件"选项卡、"基本"选项卡、"建模"选项卡、"仿真"选项卡、"控制器"选项卡、"RAPID"选项卡及"Add-Ins"选项卡，如图 1-1 所示。

图1-1　RobotStudio软件主界面

（1）"文件"选项卡　"文件"选项卡包括创建新工作站、创造新机器人系统、连接到控制器、将工作站另存为查看器的选项和 RobotStudio 选项，如图 1-2 所示。

（2）"基本"选项卡　"基本"选项卡包括搭建工作站、创建系统、编程路径和摆放物体所需的控件，如图 1-3 所示。

（3）"建模"选项卡　"建模"选项卡包括创建和分组工作站组件、创建实体、测量以及其

他 CAD 操作所需要的控件，如图 1-4 所示。

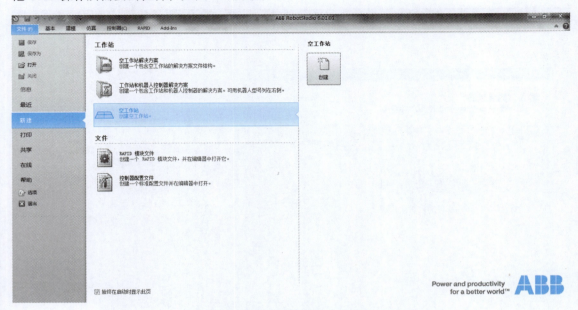

图1-2 "文件"选项卡界面

图1-3 "基本"选项卡界面

图1-4 "建模"选项卡界面

（4）"仿真"选项卡 "仿真"选项卡包括创建、控制、监控和记录仿真所需的控件，如图 1-5 所示。

图1-5 "仿真"选项卡界面

（5）"控制器"选项卡 "控制器"选项卡包括用于模拟控制器（VC）的同步、配置和分配给它的任务控制措施，还包括用于管理真实控制器的控制功能，如图 1-6 所示。

图1-6 "控制器"选项卡界面

（6）"RAPID"选项卡　"RAPID"选项卡包括 RAPID 编辑器的功能、RAPID 文件的管理以及用于 RAPID 编程的其他控件，如图 1-7 所示。

图1-7　"RAPID"选项卡界面

（7）"Add-Ins"选项卡　"Add-Ins"选项卡包括 PowerPace 和 VSTA 的相关控件，如图 1-8 所示。

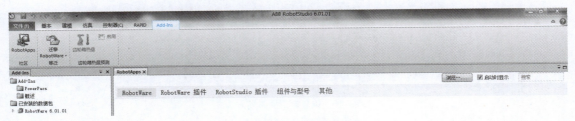

图1-8　"Add-Ins"选项卡界面

2. 恢复RobotStudio软件界面

当 RobotStudio 的操作窗口被意外关闭，无法找到对应的操作对象和查看相关信息时，可按如下步骤进行操作，恢复默认的 RobotStudio 软件界面：单击"文件"下拉菜单，在"新建"子菜单中选择"默认布局"选项，便可恢复窗口的布局，如图 1-9 所示；或者选择"窗口"选项，在其子菜单中勾选需要的窗口，如图 1-10 所示。

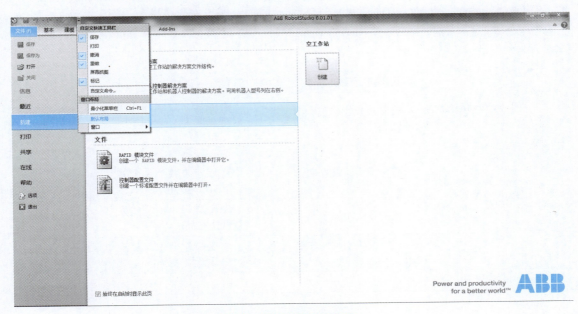

图1-9　恢复窗口的布局方法一

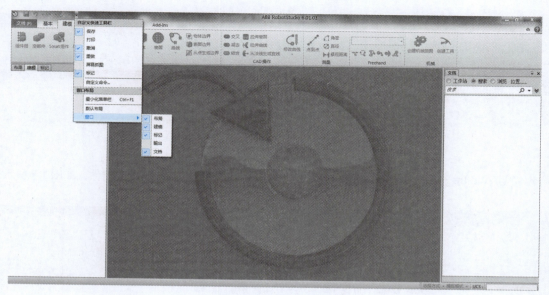

图1-10 恢复窗口的布局方法二

【项目评价】

项目1评价表见表1-5。

表1-5 项目1评价表

序号	任务	考核要点	配分	评分标准	得分	备注
1	下载软件	软件下载	10	能完成所需版本的软件下载		
2	安装 RobotStudio	正确安装 RobotStudio	15	能完成软件的安装		
		排除安装过程中的问题	10	不能独立排除安装过程中的问题，每次扣2分，扣完为止		
3	RobotStudio 授权	正确进行授权操作	10	能完成授权许可		
		排除授权操作过程中的问题	5	不能独立排除操作过程中的问题，每次扣1分，扣完为止		
4	认识 RobotStudio 的界面	熟练操作软件界面	30	能按要求找到各种操作界面，未找到1个扣5分，扣完为止		
		恢复默认布局	10	操作流程正确，能恢复默认布局		
5	安全操作	符合上机实训操作要求	10	违反操作要求，每次扣2分，扣完为止		
总分						

【思考与练习】

1. 什么是工业机器人仿真技术？
2. RobotStudio 软件主界面包括哪些内容？
3. 如何恢复 RobotStudio 软件界面？

【机器人小讲堂】

仿真与数字孪生

　　从模式和模型角度来说，数字孪生技术属于一种在线数字仿真技术，传统仿真是以软件化的形式模拟物理世界的运行，从而得到一个结果，不涉及虚拟模型向物理世界的动态反馈，只是单向地输入模型参数和环境数据。数字孪生是通过实测、模拟和数据分析等手段，实时感知、诊断和预测物理实体对象的状态，并通过优化指示调节物理实体对象的行为。通过仿真技术可创建和运行数字孪生体，保证数字孪生体与对应物理实体实现有效闭环。

项目2
PROJECT 2

搬运机器人的离线编程与仿真

【学习目标】

知识目标:

1. 熟悉工业机器人 I/O 板的类型。

2. 掌握工业机器人基本指令的格式及使用方法。

能力目标:

1. 能完成机器人常用 I/O 板 DSQC652 及 I/O 信号的设置。

2. 能够使用软件进行工具数据、工件坐标数据和有效载荷的程序数据创建。

3. 能运用机器人的各种指令完成搬运程序的编写。

4. 能利用机器人程序模板导入机器人程序。

5. 能使用 RobotStudio 仿真软件在离线状态下进行目标点的示教。

【项目背景】

搬运工业机器人在 3C、食品、医药、化工和金属加工等不同的领域有广泛应用,如搬运机械手在机床上下料、物料搬运等场合执行的动作原理基本相同。本项目将通过火花塞搬运的相关操作介绍工业机器人搬运操作的工作过程,学生应掌握工业机器人搬运的相关设置及技巧。

【项目描述】

本项目是在已经构建好的工作站里将火花塞从左侧工件托盘上搬运到右侧摆台上。在工作站配置中所使用的是 ABB IRB1410 型机器人,并且事先已经使用 Smart 组件构建完成机器人所使用的工具的夹取和放置的动态效果。因此要完成搬运火花塞的操作需要进行如下工作任务:

1)I/O 板卡设置。

2)I/O 信号设置。

3)程序数据的创建。

4)机器人程序的编制和调试。

5)目标点的示教。

通过本章的学习，学生能够基本掌握机器人搬运工件的相关操作，并且能够掌握一定的搬运工件方面的技巧。本工作站的布局方式如图 2-1 所示。

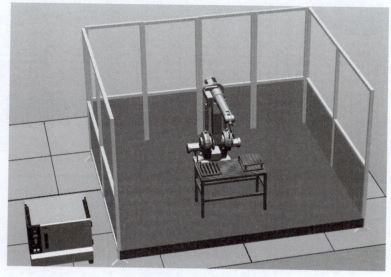

图2-1 工作站布局图

【知识链接】

一、标准I/O板的设置

ABB 工业机器人标准 I/O 板的型号有 DSQC651、DSQC652、DSQC653、DSQC355A 和 DSQC377A 等。不同类型的板卡具有数量不等的数字量输入、数字量输出以及模拟量输出通道。在工业生产中可以根据不同的需要选取不同的通信板卡。但是无论使用哪种类型的板卡都需要进行表 2-1 所示的 4 项参数的设置。

表 2-1 标准 I/O 板的参数设置

参 数 名 称	说 明
Name	I/O 板名称
Type of Unit	I/O 板类型
Connected to Bus	I/O 板所连接的总线
DeviceNet Address	I/O 板在总线中的地址

二、I/O信号的设置

为了实现机器人和外部设备的通信，需要在标准 I/O 板上进行 I/O 信号的设置，设置的内容见表 2-2。

表 2-2　I/O 信号设置参数

参 数 名 称	说　　明
Name	设置信号的名称
Type of Signal	设置信号的类型
Assigned to Device	设定信号所在的 I/O 模块
Device Mapping	设定信号所占用的地址

三、机器人常用的编程指令

1. 运动指令

（1）关节运动指令 MoveJ　当运动不必是直线且对路径的精度要求不高时，可用 MoveJ 指令快速将机器人从起始点运动到目标点。此时，机器人的运动状态不完全可控，但运动路径保持唯一。关节运动指令适合机器人大范围运动时使用，不容易在运动过程中出现关节轴进入机械死点的问题。

【例 1】如图 2-2 所示，要实现从 p10 快速运动到 p20，其程序可按如下形式编写：

MoveJ p20，v1000，fine，tool1\wobj:=wobj1

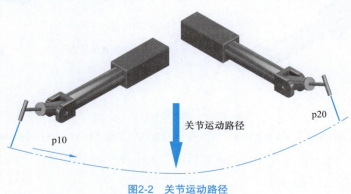

关节运动路径

p10

p20

图2-2　关节运动路径

（2）直线运动指令 MoveL　线性运动是机器人以线性方式运动至目标点。当前点与目标点两点决定一条直线，机器人的运动状态可控，运动路径保持唯一，不能离得太远，否则可能出现死点，常用于机器人在工作状态下移动。一般在焊接、涂胶等对路径要求较高的场合使用此指令。

【例2】如图2-3所示，实现从初始位置p10沿直线运动到p20，其程序如下：

Move L p20，v500，z50，tool1\wobj:=wobj1

图2-3　直线运动路径

（3）圆弧运动指令 MoveC　圆弧运动是机器人以圆弧移动方式运动至目标点。当前点、中间点和目标点三点决定一段圆弧，第一个点是圆弧的起点，是上一个指令的目标点，第二个点用于确定圆弧的曲率，第三个点是圆弧的终点。机器人运动状态可控，运动路径保持唯一，常用于机器人在工作状态下移动。MoveC 指令完成的圆弧曲率不要超过240°，超过这个角度的时候用两条圆弧指令进行操作。

【例3】如图2-4所示，实现机器人从p10点开始，经过p30，运动的终点是p40，其程序如下：

MoveL p10，v500，fine，tool1\wobj:=wobj1

MoveC p30，p40，v500，z50，tool1\wobj:=wobj1

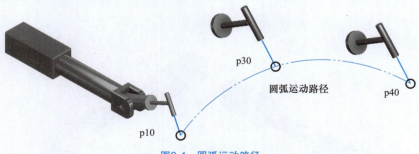

图2-4　圆弧运动路径

（4）绝对位置运动指令 MoveAbsJ　绝对位置运动指令 MoveAbsJ 是机器人以单轴运行的方式运动至目标点，绝对不存在死点，运动状态完全不可控，应避免在正常生产中使用此指令。常用于检查机器人零点位置。

【例4】实现 ABB 机器人回到机械原点的程序如下：

PERS jointtarget jpos10:=[[0,0,0,0,30,0],[9E+09,9E+09, 9E+09, 9E+09, 9E+09, 9E+09]];

MoveAbsJ jpos10,v500,fine,tool1\ wobj:=wobj1

2. I/O控制指令

I/O 控制指令用于控制 I/O 信号，以达到与机器人周边设备进行通信的目的。在工业机器人工作站中，I/O 通信主要是指通过对 PLC 的通信设置来实现信号的交互。例如，打开相应开关，使 PLC 输出信号，而机器人就会接收到这个输入信号，然后做出相应的反应，以实现某项任务。

（1）置位指令 set

set do1 ;

将数字输出信号 do1 置位为 1。

（2）复位指令 reset

reset do1 ;

将数字输出信号 do1 复位为 0。

（3）waitDI

waitDI di1，1；

等待 di1 的值为 1。如果 di1 为 1，则程序继续往下执行；如果达到最大等待时间 300s 以后，di1 的值还不为 1，则机器人报警或进入出错处理程序。

（4）waitDO

waitDO do1，1；

等待 do1 的值为 1。如果 do1 为 1，则程序继续往下执行，如果达到最大等待时间 300s 以后，do1 的值还不为 1，则机器人报警或进入出错处理程序。

3. 逻辑控制指令

1）While 指令。While 条件判断指令用于在给定条件满足的情况下，一直重复执行对应的指令。例如，在满足条件 num1 > num2 的情况下，就一直执行 num1: = num1-1 的操作，程序如下：

While num1 > num2 DO

```
num1: = num1-1 ;

ENDWHILE
```

2）FOR 指令。FOR 重复执行判断指令适用于一个或多个指令需要重复执行数次的情况。例如，重复执行例行程序 Routine1 10 次的程序如下：

```
FOR i FROM 1 TO 10 DO

Routine1;

ENDFOR
```

3）IF 指令。IF 条件判断指令，就是根据不同的条件去执行不同的指令。条件判定的条件数量可以根据实际情况进行增加或减少。例如，实现这样的要求：如果 num1 为 1，则 flag1 会赋值为 TRUE；如果 num1 为 2，则 flag1 会赋值为 FALSE；除了以上两种条件之外，则执行 do1 置位为 1，程序如下：

```
IF num1=1 THEN

    flag1 : =TRUE;

ELSEIF num1=2 THEN

    flag1 : =FLASE;

ELSE

    set do1 ;

ENDIF
```

4. 工具数据（tooldata）的定义

工具数据用来描述工具的特征，如焊枪或抓手。这些特征包括 TCP 点的位置、方向以及工具的一些物理特征。下面是一个已经定义好了的工具坐标数据。

```
PERS tooldata tool0:= [ TRUE, [ [0, 0, 0], [1, 0, 0 ,0] ], [0.001, [0, 0, 0.001], [1, 0, 0, 0], 0, 0, 0] ];

PERS < 数据类型 > < 名称 >:=[true/false,[[ trans of pos],[ rot of orient]],[mass, cog of pos],aom of orient]
```

其中，true/false 表示使用 / 未使用此工具；trans of pos 表示相对于 tool0 的 TCP 的偏移；mass 表示工具的重量；cog of pos 表示工具的重心。这是几个比较重要的参数，设置时一般只需要对以上参数进行设置，其余参数保持默认即可。

1）CRobT 的使用。CRobT 用于读取当前机器人的目标点数值。具体用法是：先定义一个

robtarget 类型的数据，然后将读取的数据存入到预先定义的数据中，指定工具坐标 tool1，工件坐标默认，例如：

```
VAR robtarget p3;

p3:= CRobT(\Tool:=tool1 \WObj:=wobj0);
```

2）Incr 的使用。自增运算，相当于 C 语言中的 "++"，用法如下：

```
Incr  reg1
```

相当于 reg1=reg1+1。

3）RelTool 的使用。RelTool（Relative Tool）用于添加一个相对于基准点的偏移和旋转，格式如下：

```
RelTool（Point  Dx  Dy  Dz  [\Rx]  [\Ry]  [\Rz]）
```

其中，Point 是 robtarget 类型，为偏移和旋转的基准。Dx、Dy 和 Dz 分别是在工具坐标系下相对于 x、y 和 z 轴的偏移，Rx、Ry 和 Rz 则分别是在工具坐标系下相对于 x、y 和 z 轴的旋转。

5. 其他指令

1）offs 指令。offs 指令用于表示相对于已知目标点的偏移，如已知目标点 p1，相对于 p1 的 x 方向偏移 100mm，相对于 y 方向偏移 110mm，相对于的 z 方向偏移 120mm，则可以这样表示：

```
offs（p1,100,110,120）
```

2）test 指令。test 指令的功能同 if 指令非常相近，根据 test 后条件的不同情况执行不同的动作。如果 num1 为 1，则 flag1 会赋值为 TRUE；如果 num1 为 2，则 flag1 会赋值为 FALSE；除了以上两种条件，则执行 do1 置位为 1，其程序如下：

```
test num1
CASE 1 :
    flag1=TRUE;
CASE 2:
    flag1=FALSE;
DEFAULT:
    set do1 ;
ENDTEST
```

【项目实施】

解压缩并打开工作站 carry，按照要求进行相关的参数设置。

一、设置I/O单元

按表2-3设置 I/O 单元 Unit 参数。

表2-3 I/O 单元 Unit 参数

参数名称	设定值
Name	BOARD10
Type of Unit	d652
Connected to Bus	DeviceNet
DeviceNet Address	10

1）设置 I/O 单元需要在虚拟示教器中、手动状态下进行。首先启动示教器，进行相应的设置，步骤见表2-4。

表2-4 示教器设置步骤

图　　例	步　　骤
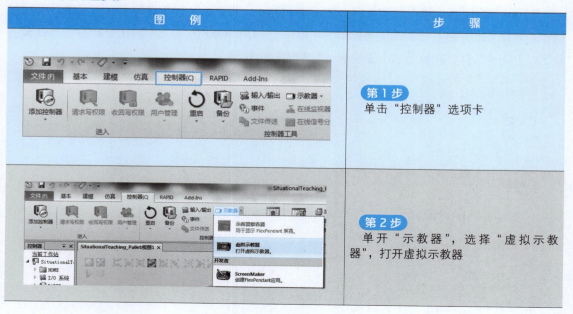	**第1步** 单击"控制器"选项卡
	第2步 单开"示教器"，选择"虚拟示教器"，打开虚拟示教器

（续）

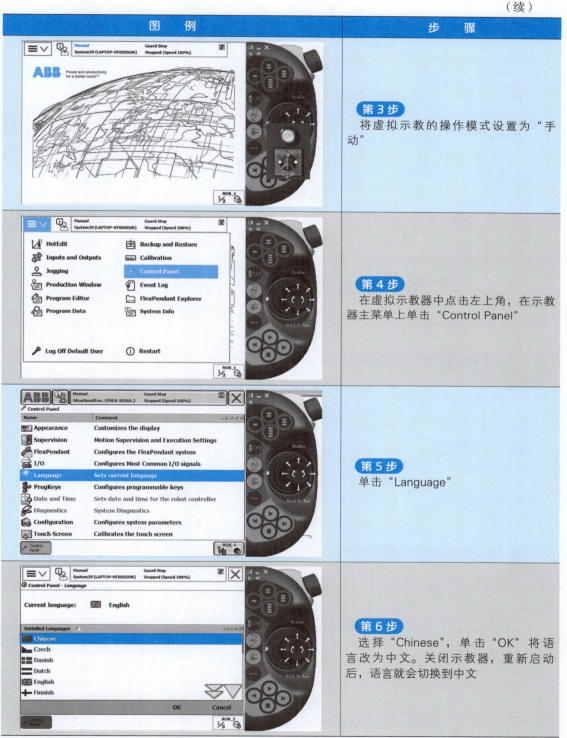

图　例	步　骤
	第3步 将虚拟示教的操作模式设置为"手动"
	第4步 在虚拟示教器中点击左上角，在示教器主菜单上单击"Control Panel"
	第5步 单击"Language"
	第6步 选择"Chinese"，单击"OK"将语言改为中文。关闭示教器，重新启动后，语言就会切换到中文

2）重新启动虚拟示教器，设置 I/O 单元，步骤见表 2-5。

表 2-5 设置 I/O 单元步骤

图 例	步 骤
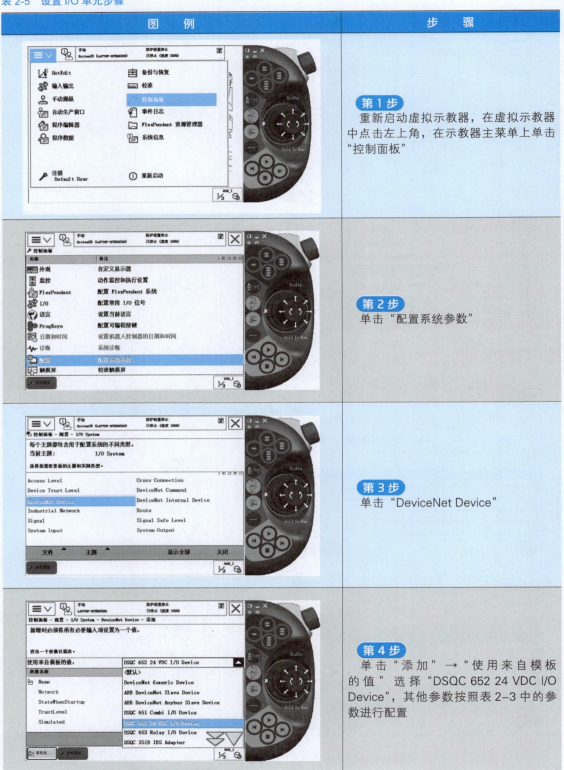	**第 1 步** 重新启动虚拟示教器，在虚拟示教器中点击左上角，在示教器主菜单上单击"控制面板"
	第 2 步 单击"配置系统参数"
	第 3 步 单击"DeviceNet Device"
	第 4 步 单击"添加"→"使用来自模板的值"选择"DSQC 652 24 VDC I/O Device"，其他参数按照表 2-3 中的参数进行配置

（续）

图 例	步 骤
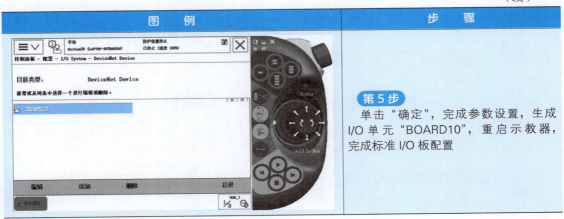	**第5步** 单击"确定"，完成参数设置，生成 I/O 单元"BOARD10"，重启示教器，完成标准 I/O 板配置

二、设置I/O信号

按照表 2-6 设置 I/O 信号。

表 2-6　I/O 信号参数设置

参数名称	设定值
Name	doGrip
Type of Signal	Digital Output
Assigned to Device	BOARD10
Device Mapping	0

I/O 信号设置步骤见表 2-7。

表 2-7　I/O 信号设置步骤

图 例	步 骤
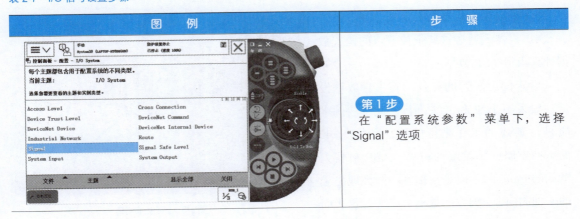	**第1步** 在"配置系统参数"菜单下，选择"Signal"选项

（续）

图　例	步　骤
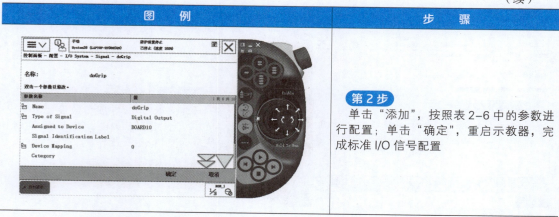	 **第 2 步** 单击"添加"，按照表 2-6 中的参数进行配置；单击"确定"，重启示教器，完成标准 I/O 信号配置

三、创建工具数据

工具数据 tooldata 用于描述安装在机器人第六轴上的工具的 TCP、质量和重心等参数数据。TCP（Tool Center Point）就是工具的中心点。默认工具（tool0）的中心点位于机器人安装法兰的中心，图 2-5 中的 A 点就是原始的 TCP。

TCP 设定原理如下：

1）在机器人工作范围内找一个非常精确的固定点作为参考点。

2）在工具上确定一个参考点（最好是工具的中心点）。

3）手动操作机器人来定义 TCP。

4）机器人通过这 4 个位置点的位置数据计算求得 TCP 数据。

对于使用搬运的夹具，其工具数据设定一般采用 TCP 和 Z 法进行。此方法的本质是使新建的工作坐标的 TCP 沿着 tool0 的 z 轴方向偏移设定的距离。ABB 机器人默认的 tool0 的方向是 y 轴方向同大地坐标的 y 轴同向，z 轴方向是垂直于法兰盘表面

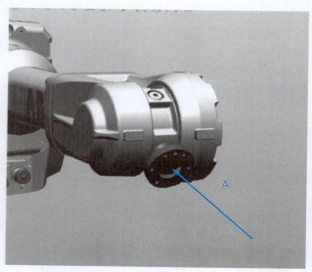

图2-5　原始的TCP

向外侧，并且 x、y、z 的方向符合右手定则。

　　本项目的工具数据具体见表 2-8。从表中的数据可知：设定的工具坐标系 tGripper 的重心偏移是 60mm，工具的重量是 1kg，工具坐标的 TCP 偏移是 123mm。在示教器上按表 2-8 所示设置工具数据。

表 2-8　工具数据设定参数表

参数名称	设定值
robothold	True
trans	
x	0
y	0
z	123
rot	
q1	1
q2	0
q3	0
q4	0
mass	1
cog	
x	0
y	0
z	60
其余参数的设定选择默认	

　　设定步骤见表 2-9。

表 2-9　工具数据设定步骤

图　例	步　骤
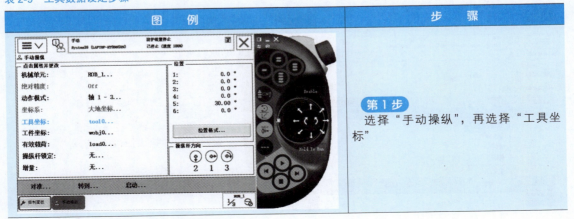	**第1步**　选择"手动操纵"，再选择"工具坐标"

（续）

图　例	步　骤
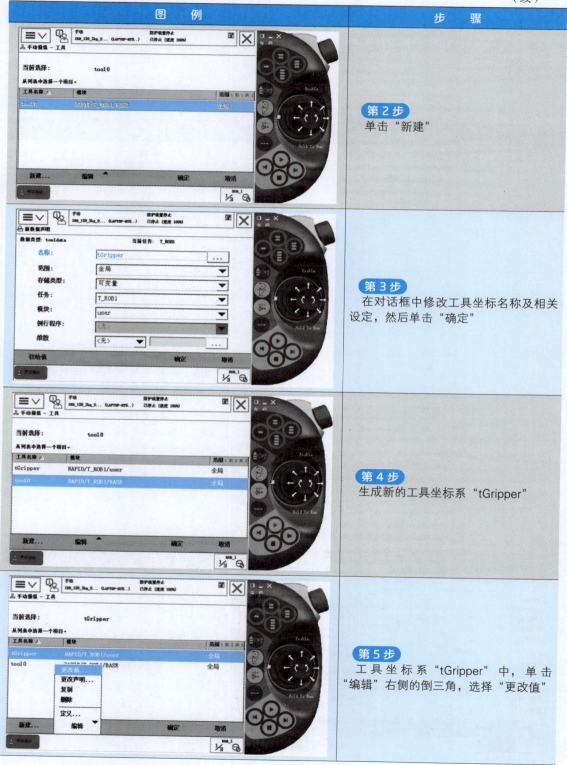	**第2步** 单击"新建"
	第3步 在对话框中修改工具坐标名称及相关设定，然后单击"确定"
	第4步 生成新的工具坐标系"tGripper"
	第5步 工具坐标系"tGripper"中，单击"编辑"右侧的倒三角，选择"更改值"

（续）

图　例	步　骤
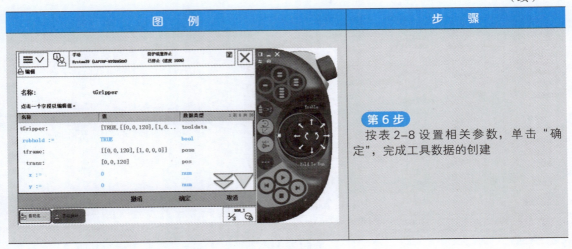	**第6步** 按表2-8设置相关参数，单击"确定"，完成工具数据的创建

四、创建工件坐标系

在本工作站中需设定两个工件坐标系，分别是左右两个托盘。工件坐标的设定采用三点法进行，即设定工件坐标系的原点、x延展方向和y延展方向，根据右手定则z方向即可确定。所秉持的原则是：工件坐标系的x和y的延展方向尽量和大地坐标的延展方向一致。

设定左侧盛有火花塞的托盘的工件坐标步骤见表2-10。

表2-10　设定左侧盛有火花塞的托盘的工件坐标步骤

图　例	步　骤
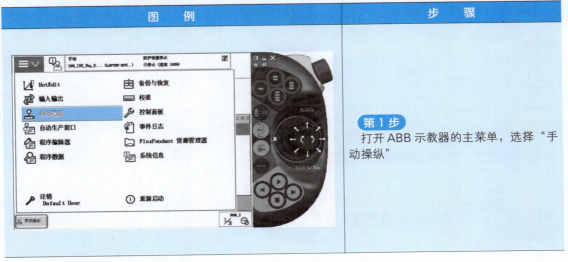	**第1步** 打开ABB示教器的主菜单，选择"手动操纵"

（续）

图　例	步　骤
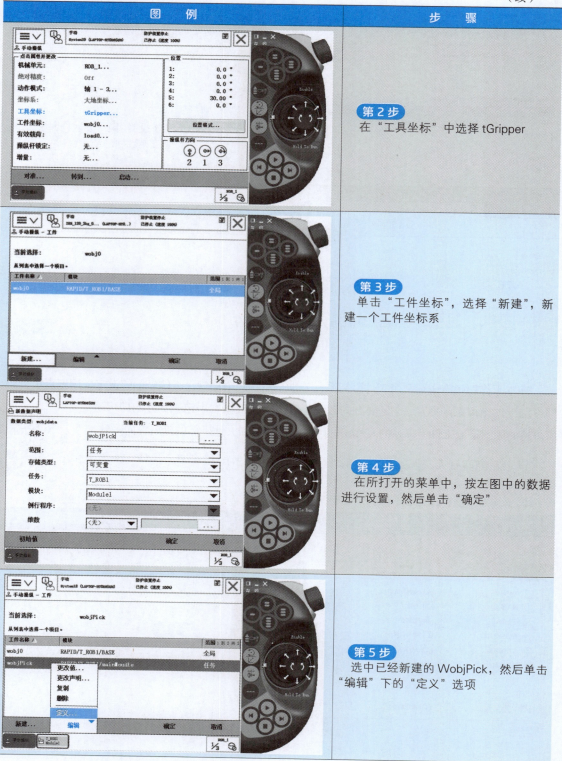	**第2步** 在"工具坐标"中选择 tGripper
	第3步 　单击"工件坐标"，选择"新建"，新建一个工件坐标系
	第4步 　在所打开的菜单中，按左图中的数据进行设置，然后单击"确定"
	第5步 　选中已经新建的 WobjPick，然后单击"编辑"下的"定义"选项

（续）

图　例	步　骤
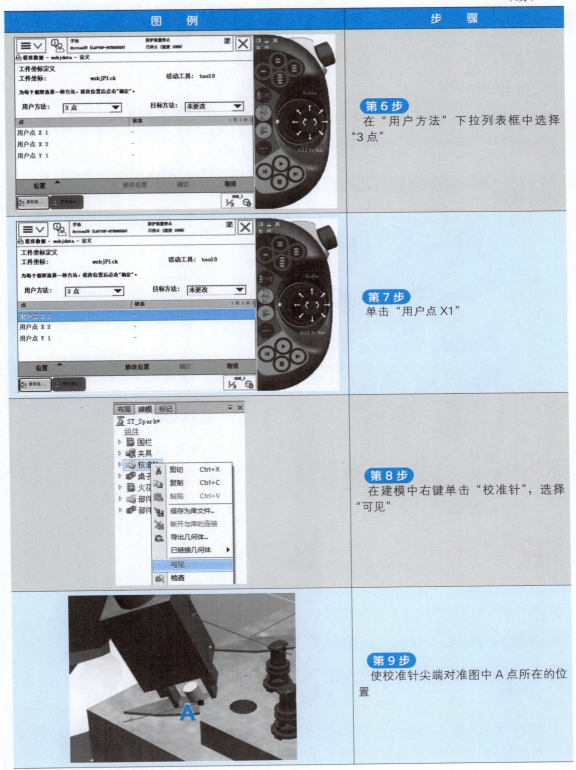	**第6步** 在"用户方法"下拉列表框中选择"3点"
	第7步 单击"用户点X1"
	第8步 在建模中右键单击"校准针"，选择"可见"
	第9步 使校准针尖端对准图中A点所在的位置

（续）

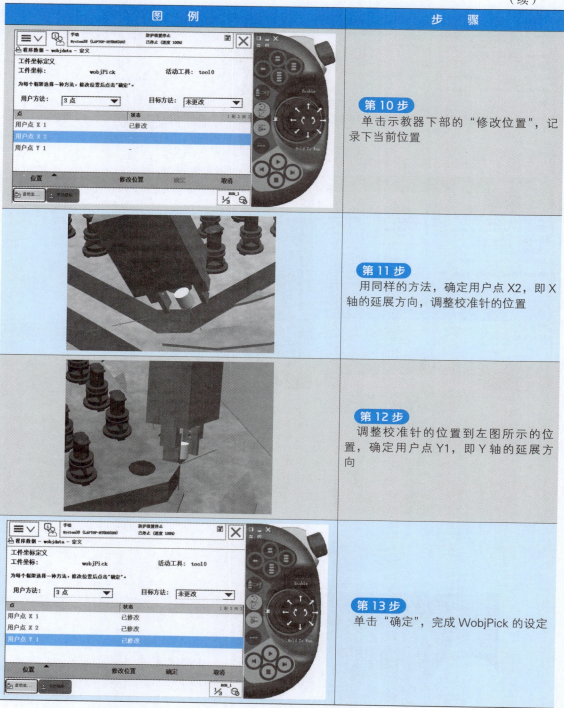

图 例	步 骤
	第10步 单击示教器下部的"修改位置"，记录下当前位置
	第11步 用同样的方法，确定用户点 X2，即 X 轴的延展方向，调整校准针的位置
	第12步 调整校准针的位置到左图所示的位置，确定用户点 Y1，即 Y 轴的延展方向
	第13步 单击"确定"，完成 WobjPick 的设定

　　设定右侧托盘的工件坐标 WobjPlace 的方法和设定 WobjPick 的方法一样，只是确定用户点 X1、用户点 X2、用户点 Y1 的位置有所不同，设置方法见表 2-11。

表 2-11　设定右侧托盘的工件坐标 WobjPlace 的步骤

图　例	步　骤
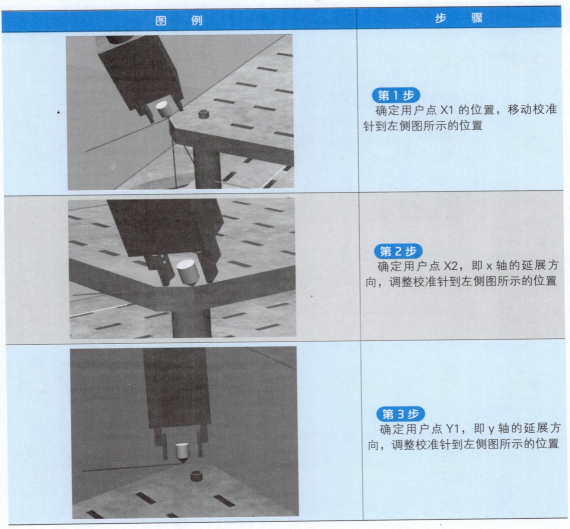	**第1步**　确定用户点 X1 的位置，移动校准针到左侧图所示的位置
	第2步　确定用户点 X2，即 x 轴的延展方向，调整校准针到左侧图所示的位置
	第3步　确定用户点 Y1，即 y 轴的延展方向，调整校准针到左侧图所示的位置

五、加载程序

1. 加载程序并验证

参数设置完成后，可将参考程序加载到工作站中，验证参数的正确性，也可依据控制要求修改程序。程序可通过 RAPID 或示教器加载。通过 RAPID 加载程序及仿真验证操作步骤见表 2-12。

表 2-12 加载程序及仿真验证操作

图 例	步 骤
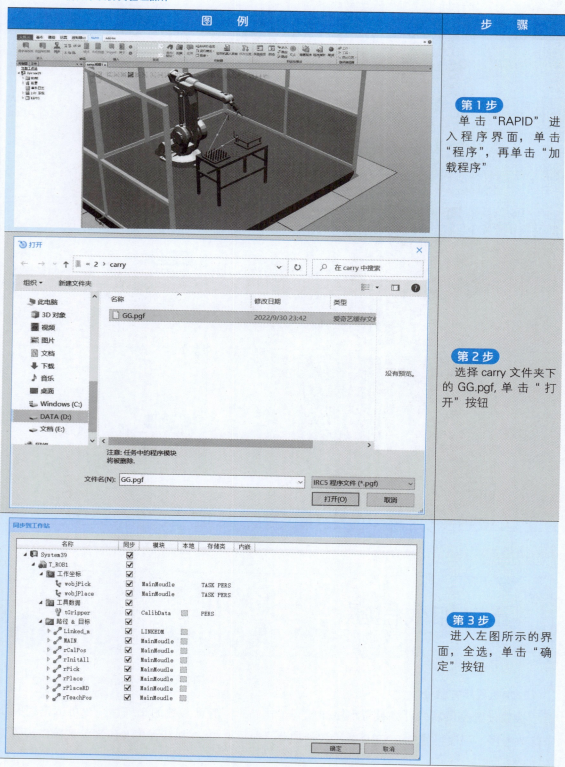	**第1步** 单击"RAPID"进入程序界面,单击"程序",再单击"加载程序"
	第2步 选择 carry 文件夹下的 GG.pgf,单击"打开"按钮
	第3步 进入左图所示的界面,全选,单击"确定"按钮

（续）

图　例	步　骤
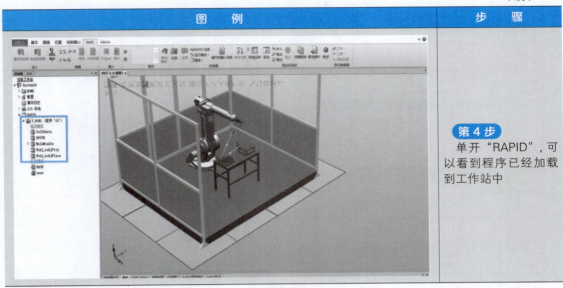	**第4步** 单开"RAPID"，可以看到程序已经加载到工作站中

同样，在 RAPID 界面，单击"程序"，选择"程序另存为"，可将修改后的程序导出工作站，如图 2-6 所示。

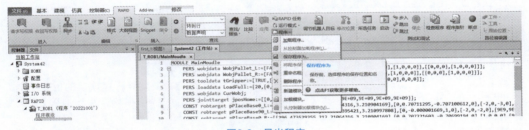

图2-6　导出程序

通过示教器加载程序操作步骤见表 2-13。

表 2-13　通过示教器加载程序操作步骤

图　例	步　骤
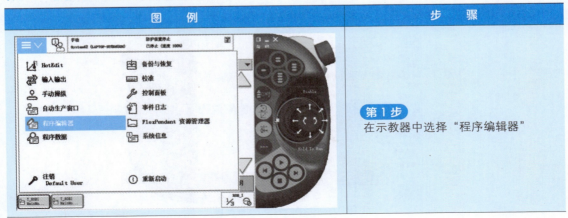	**第1步** 在示教器中选择"程序编辑器"

（续）

图　例	步　骤
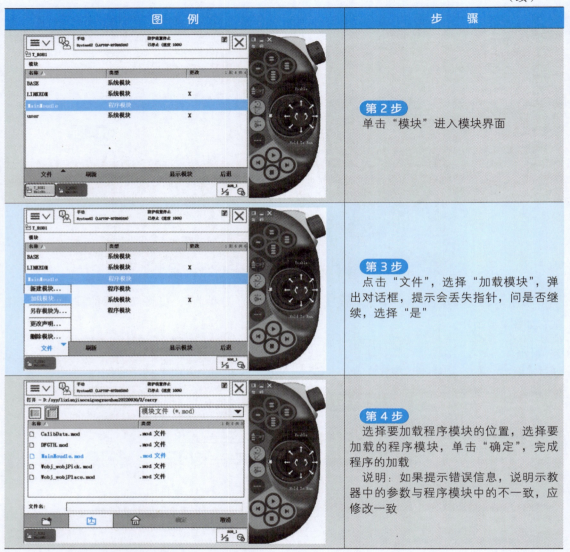	**第2步** 单击"模块"进入模块界面
	第3步 点击"文件"，选择"加载模块"，弹出对话框，提示会丢失指针，问是否继续，选择"是"
	第4步 选择要加载程序模块的位置，选择要加载的程序模块，单击"确定"，完成程序的加载 说明：如果提示错误信息，说明示教器中的参数与程序模块中的不一致，应修改一致

同样，用示教器也可以导出程序模块。如图2-7所示。

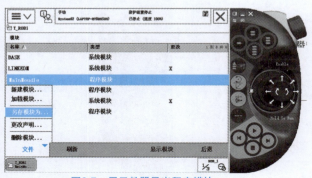

图2-7　用示教器导出程序模块

2. 参考程序

```
MODULE MainMoudle
```

! 程序主模块

```
    PERS tooldata tGripper:=[TRUE,[[0,0,123],[1,0,0,0]],[1,[1,0,0],[1,0,0,0],0,0,0]];
```

! 定义工具坐标

```
    PERS wobjdata WobjPick:=[FALSE,TRUE,"",[[812.92,-365,554],[1,5.41861E-07,
-2.38419E-07,-1.78814E-07]],[[0,0,0],[1,0,0,0]]];
```

! 定义左侧托盘工件坐标

```
    PERS wobjdata WobjPlace:=[FALSE,TRUE,"",[[812.112,146.704,629],[1,-2.7093E
-07,2.38418E-07,6.45947E-14]],[[0,0,0],[1,0,0,0]]];
```

! 定义右侧托盘工件坐标

```
    PERS loaddata LoadEmpty:=[0.001,[0,0,0.001],[1,0,0,0],0,0,0];
```

! 定义空载载荷数据

```
    PERS loaddata LoadFull:=[0.1,[0,0,5],[1,0,0,0],0,0,0];
```

! 定义抓取工件后的载荷数据

```
    PERS robtarget pHome:=[[870,0,987],[1.57E-07,0,1,0],[0,0,0,0],[9E+09,9E+09,9E+09,9E
+09,9E+09,9E+09]];
```

! 定义安全点坐标

```
    PERS robtarget pPickBase:=[[65.08,10.00,12.76],[2.03882E-07,-2.82337E-07,-1,
5.57148E-07],[-1,-1,-1,0],[9E+09,9E+09,9E+09,9E+09,9E+09,9E+09]];
```

! 定义抓取基准点数据

```
    PERS robtarget pPlaceBase:=[[63.90,8.96,0.00],[1.40528E-06,3.72529E-07,1,4.78282E-
07],[0,0,0,0],[9E+09,9E+09,9E+09,9E+09,9E+09,9E+09]];
```

! 定义放置基准点坐标

```
    PERS robtarget pPick:=[[184.571,224.752,17.1437],[1.69E-07,4.99E-07,1,2.9E-08],[0,
-1,0,0],[9E+09,9E+09,9E+09,9E+09,9E+09,9E+09]];
```

! 定义抓取数据，此数据随着每次抓取位置的不同而变化，是变量

```
PERS robtarget pPlace:=[[186.06,225.12,17.1724],[-1.94E-07,-0.707105,0.707108,
-7.73E-07],[-1,-1,-2,0],[9E+09,9E+09,9E+09,9E+09,9E+09,9E+09]];
```

！定义放置数据，此数据随着每次放置位置的不同而变化，是变量

```
    PERS num nPickH:=150;
```

！定义抓取位置的安全距离

```
    PERS num nPlaceH:=100;
```

！定义放置位置的安全距离

```
    PERS num nOffsX:=40;
```

！定义 x 方向偏移数值

```
    PERS num nOffsY:=40;
```

！定义 y 轴方向的偏移值

```
    PERS num nCount:=1;
```

！定义搬运数量并赋初值 1，此数值随着搬运数量的变化而变化，是变量

```
    PERS speeddata vMinSpeed:=[200,100,1000,5000];

    PERS speeddata vMidSpeed:=[500,200,1000,5000];

    PERS speeddata vMaxSpeed:=[800,300,1000,5000];
```

！定义高、中、低 3 种不同的运行速度，根据不同情况选择不同的运行速度

```
    PROC MAIN()
```

！主程序

```
        rInitAll;
```

！调用初始化子程序

```
            WHILE TRUE DO
```

！ WHILE 条件运行语句，通过这样的调用方式，只运行初始化程序一次

```
                rPick;
```

！调用抓取子程序

```
                rPlace;
```

！调用放置子程序

　　　　ENDWHILE

　　ENDPROC

　　PROC rInitAll()

！初始化子程序

　　　　ConfL\Off;

！关闭线性运动和圆弧运动时的轴参数配置，使机器人能自由选择轴运动方式接近目标点，预防报警

　　　　ConfJ\Off;

！关闭关节运动时的轴参数配置，使机器人能自由选择轴运动方式接近目标点，预防报警

　　　　AccSet 100,100;

！设置加速度数据

　　　　VelSet 100,5000;

！设置速度数据

　　　　Reset doGrip;

！复位启动信号

　　　　nCount:=1;

！搬运计数值置 1

　　　　MoveJ pHome,vMinSpeed,fine,tGripper\WObj:=wobj0;

！利用关节运动指令移动 TCP 到安全点 pHome

　　ENDPROC

　　PROC rPick()

！抓取子程序

　　　　rCalPos;

！调用计算位置子程序

        MoveJ Offs(pPick,0,0,nPickH),vMaxSpeed,z50,tGripper\WObj:=wobjPick;

！以关节运动方式高速运动到待抓取工件上方150mm处

        MoveL pPick,vMinSpeed,fine,tGripper\WObj:=wobjPick;

！以直线运动方式低速运动到待抓取工件位置

        Set doGrip;

！启动抓取操作

        WaitTime 0.5;

！等待0.5s，确保抓取动作高质量完成

        GripLoad LoadFull;

！机器人满载

        MoveL Offs(pPick,0,0,nPickH),vMidSpeed,z50,tGripper\WObj:=wobjPick;

！以直线运动方式中速运动到待抓取工件上方150mm处

      ENDPROC

      PROC rPlace()

！放置子程序

        MoveJ Offs(pPlace,0,0,nPlaceH),vMidSpeed,z50,tGripper\WObj:=wobjPlace;

！以关节运动方式中速运动到待放置位置上方100mm处

        MoveL pPlace,vMinSpeed,fine,tGripper\WObj:=wobjPlace;

！以直线运动方式低速运动到待放置位置处

        Reset doGrip;

！复位启动信号，放下火花塞

        WaitTime 0.5;

！等待0.5s，确保放置动作完成

        GripLoad LoadEmpty;

！机器人空载

   MoveL Offs(pPlace,0,0,nPickH),vMidSpeed,z50,tGripper\WObj:=wobjPlace;

！以直线运动方式中速抬起 100mm

   rPlaceRD;

！调用计数子程序

  ENDPROC

  PROC rPlaceRD()

！计数子程序

   nCount:=nCount+1;

！搬运火花塞数量变量自增

   IF nCount>32 THEN

！ IF 条件判断指令，当计数变量大于 32 的时候向下执行

   TPErase;

！清屏

   TPWrite "Pick&Place done,the robot will stop!";

！在触摸屏上显示 "Pick&Place done,the robot will stop!"

   nCount:=1;

！计数变量置 1

   Reset doGrip;

！复位启动信号

   MoveJ pHome,vMinSpeed,fine,tGripper\WObj:=wobj0;

！以关节运动形式低速运动到安全点

   Stop;

  ENDIF

  ENDPROC

```
    PROC rCalPos()
! 计算位置子程序
        !Row 1
    TEST nCount
! 测试 nCount 变量，与 CASE 后的数值做对比
    CASE 1:
        pPick:=Offs(pPickBase,0,0,0);
        pPlace:=Offs(pPlaceBase,0,0,0);
    CASE 2:
        pPick:=Offs(pPickBase,nOffsX,0,0);
        pPlace:=Offs(pPlaceBase,nOffsX,0,0);
    CASE 3:
        pPick:=Offs(pPickBase,2*nOffsX,0,0);
        pPlace:=Offs(pPlaceBase,2*nOffsX,0,0);
    CASE 4:
        pPick:=Offs(pPickBase,3*nOffsX,0,0);
        pPlace:=Offs(pPlaceBase,3*nOffsX,0,0);

        !Row 2
    CASE 5:
        pPick:=Offs(pPickBase,-nOffsX,nOffsY,0);
        pPlace:=Offs(pPlaceBase,-nOffsX,nOffsY,0);
    CASE 6:
        pPick:=Offs(pPickBase,0,nOffsY,0);
        pPlace:=Offs(pPlaceBase,0,nOffsY,0);
```

```
CASE 7:
        pPick:=Offs(pPickBase,nOffsX,nOffsY,0);

        pPlace:=Offs(pPlaceBase,nOffsX,nOffsY,0);

CASE 8:
        pPick:=Offs(pPickBase,2*nOffsX,nOffsY,0);

        pPlace:=Offs(pPlaceBase,2*nOffsX,nOffsY,0);

CASE 9:
        pPick:=Offs(pPickBase,3*nOffsX,nOffsY,0);

        pPlace:=Offs(pPlaceBase,3*nOffsX,nOffsY,0);

CASE 10:
        pPick:=Offs(pPickBase,4*nOffsX,nOffsY,0);

        pPlace:=Offs(pPlaceBase,4*nOffsX,nOffsY,0);


        !Row 3

CASE 11:
        pPick:=Offs(pPickBase,−nOffsX,2*nOffsY,0);

        pPlace:=Offs(pPlaceBase,−nOffsX,2*nOffsY,0);

CASE 12:
        pPick:=Offs(pPickBase,0,2*nOffsY,0);

        pPlace:=Offs(pPlaceBase,0,2*nOffsY,0);

CASE 13:
        pPick:=Offs(pPickBase,nOffsX,2*nOffsY,0);

        pPlace:=Offs(pPlaceBase,nOffsX,2*nOffsY,0);

CASE 14:
        pPick:=Offs(pPickBase,2*nOffsX,2*nOffsY,0);

        pPlace:=Offs(pPlaceBase,2*nOffsX,2*nOffsY,0);
```

```
    CASE 15:

            pPick:=Offs(pPickBase,3*nOffsX,2*nOffsY,0);

            pPlace:=Offs(pPlaceBase,3*nOffsX,2*nOffsY,0);

    CASE 16:

            pPick:=Offs(pPickBase,4*nOffsX,2*nOffsY,0);

            pPlace:=Offs(pPlaceBase,4*nOffsX,2*nOffsY,0);


            !Row 4

    CASE 17:

            pPick:=Offs(pPickBase,–nOffsX,3*nOffsY,0);

            pPlace:=Offs(pPlaceBase,–nOffsX,3*nOffsY,0);

    CASE 18:

            pPick:=Offs(pPickBase,0,3*nOffsY,0);

            pPlace:=Offs(pPlaceBase,0,3*nOffsY,0);

    CASE 19:

            pPick:=Offs(pPickBase,nOffsX,3*nOffsY,0);

            pPlace:=Offs(pPlaceBase,nOffsX,3*nOffsY,0);

    CASE 20:

            pPick:=Offs(pPickBase,2*nOffsX,3*nOffsY,0);

            pPlace:=Offs(pPlaceBase,2*nOffsX,3*nOffsY,0);

    CASE 21:

            pPick:=Offs(pPickBase,3*nOffsX,3*nOffsY,0);

            pPlace:=Offs(pPlaceBase,3*nOffsX,3*nOffsY,0);

    CASE 22:

            pPick:=Offs(pPickBase,4*nOffsX,3*nOffsY,0);

            pPlace:=Offs(pPlaceBase,4*nOffsX,3*nOffsY,0);
```

```
    !Row 5

CASE 23:

        pPick:=Offs(pPickBase,–nOffsX,4*nOffsY,0);

        pPlace:=Offs(pPlaceBase,–nOffsX,4*nOffsY,0);

CASE 24:

        pPick:=Offs(pPickBase,0,4*nOffsY,0);

        pPlace:=Offs(pPlaceBase,0,4*nOffsY,0);

CASE 25:

        pPick:=Offs(pPickBase,nOffsX,4*nOffsY,0);

        pPlace:=Offs(pPlaceBase,nOffsX,4*nOffsY,0);

CASE 26:

        pPick:=Offs(pPickBase,2*nOffsX,4*nOffsY,0);

        pPlace:=Offs(pPlaceBase,2*nOffsX,4*nOffsY,0);

CASE 27:

        pPick:=Offs(pPickBase,3*nOffsX,4*nOffsY,0);

        pPlace:=Offs(pPlaceBase,3*nOffsX,4*nOffsY,0);

CASE 28:

        pPick:=Offs(pPickBase,4*nOffsX,4*nOffsY,0);

        pPlace:=Offs(pPlaceBase,4*nOffsX,4*nOffsY,0);


    !Row 6

CASE 29:

        pPick:=Offs(pPickBase,0,5*nOffsY,0);

        pPlace:=Offs(pPlaceBase,0,5*nOffsY,0);

CASE 30:
```

```
        pPick:=Offs(pPickBase,nOffsX,5*nOffsY,0);

        pPlace:=Offs(pPlaceBase,nOffsX,5*nOffsY,0);

    CASE 31:

        pPick:=Offs(pPickBase,2*nOffsX,5*nOffsY,0);

        pPlace:=Offs(pPlaceBase,2*nOffsX,5*nOffsY,0);

    CASE 32:

        pPick:=Offs(pPickBase,3*nOffsX,5*nOffsY,0);

        pPlace:=Offs(pPlaceBase,3*nOffsX,5*nOffsY,0);
```

! 计算火花塞抓取和放置位置数据

```
    DEFAULT:

        TPErase;
```

! 清屏

```
        TPWrite "the counter is error,please check it!";
```

! 在触摸屏上显示"the counter is error,please check it!"

```
        Stop;

    ENDTEST

    ENDPROC


    PROC rTeachPos()
```

! 示教位置子程序

```
        MoveL pHome,v50,fine,tGripper;
```

! 示教安全点 pHpme

```
        MoveL pPickBase,v50,fine,tGripper\WObj:=WobjPick;
```

! 示教抓取基准点

```
        MoveL pPlaceBase,v50,fine,tGripper\WObj:=Wobjplace;
```

! 示教放置基准点

```
    ENDPROC

ENDMODULE
```

六、示教目标点

本项目中需要示教的目标点一共有 3 个，分别是安全点 pHome、抓取基准点 pPickBase 和放置基准点 pPlaceBase。这 3 个目标点的示教均在子程序 rTeachPos() 中完成。

对于目标点的示教，要注意每一个目标点所使用的工具坐标和工件坐标是什么，在进行示教操作的时候需要手动在示教器的手动操纵界面下选择相应的工件坐标和工具坐标，然后再操纵机器人到达目标点，否则 RobotStudio 软件会报错。示教目标点的步骤见表 2-14。

表 2-14　示教目标点的步骤

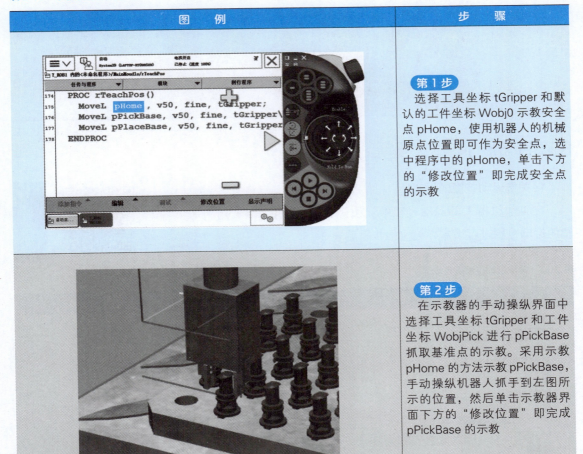

图　例	步　骤
	第 1 步 选择工具坐标 tGripper 和默认的工件坐标 Wobj0 示教安全点 pHome，使用机器人的机械原点位置即可作为安全点，选中程序中的 pHome，单击下方的"修改位置"即完成安全点的示教
	第 2 步 在示教器的手动操纵界面中选择工具坐标 tGripper 和工件坐标 WobjPick 进行 pPickBase 抓取基准点的示教。采用示教 pHome 的方法示教 pPickBase，手动操纵机器人抓手到左图所示的位置，然后单击示教器界面下方的"修改位置"即完成 pPickBase 的示教

（续）

图　例	步　骤
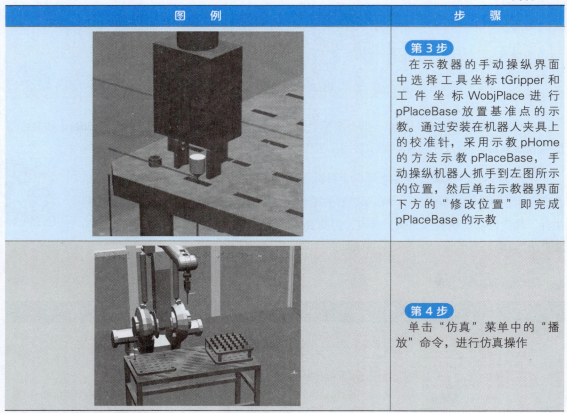	**第3步** 在示教器的手动操纵界面中选择工具坐标 tGripper 和工件坐标 WobjPlace 进行 pPlaceBase 放置基准点的示教。通过安装在机器人夹具上的校准针，采用示教 pHome 的方法示教 pPlaceBase，手动操纵机器人抓手到左图所示的位置，然后单击示教器界面下方的"修改位置"即完成 pPlaceBase 的示教
	第4步 单击"仿真"菜单中的"播放"命令，进行仿真操作

【项目拓展】

1. 关节运动范围的设定

在工业机器人的运动过程中，为了保证安全性，需要对机器人各轴的运动范围进行设定，设定的步骤见表 2-15。

表 2-15　关节运动范围设定步骤

图　例	步　骤
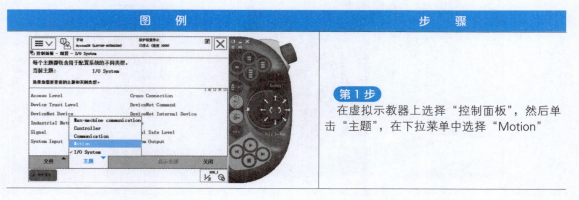	**第1步** 在虚拟示教器上选择"控制面板"，然后单击"主题"，在下拉菜单中选择"Motion"

（续）

图　例	步　骤
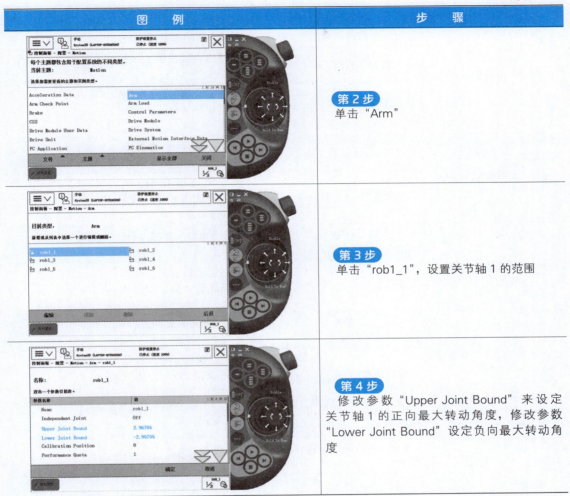	**第 2 步** 单击 "Arm"
	第 3 步 单击 "rob1_1"，设置关节轴 1 的范围
	第 4 步 修改参数 "Upper Joint Bound" 来设定关节轴 1 的正向最大转动角度，修改参数 "Lower Joint Bound" 设定负向最大转动角度

2. 奇异点

当机器人的关节轴 4 和轴 6 角度相同而轴 5 的角度为零时，机器人处于奇异点。设计夹具及本站布局时应尽量避免机器人运动轨迹进入奇异点，在编程时也可以使用 SingArea 指令让机器人自动规划当前运动轨迹经过奇异点时的插补方式。例如：

SingArea\Wrist ；　！允许轻微改变工具的姿态，以便通过奇异点

SingArea\Off ；　　！关闭自动插花

【项目评价】

项目 2 评价表见表 2-16。

表 2-16 项目 2 评价表

序号	任务	考核要点	配分	评分标准	得分	备注
1	设置 I/O 单元	设置示教器语言	5	正确设置示教器语言		
		设置的参数值正确	4	设置的参数值错 1 个扣 2 分		
		操作流程	6	独立完成得 6 分, 在指导下完成得 4 分, 未完成得 0 分		
2	设置 I/O 信号	I/O 信号设定值正确	5	设定值错一个扣 2 分, 扣完为止		
		操作流程	10	独立完成得 10 分, 在指导下完成得 8 分, 未完成得 0 分		
3	创建工具数据	工具数据参数设置正确	10	设定值错一个扣 2 分, 扣完为止		
		操作流程	5	独立完成得 5 分, 在指导下完成得 3 分, 未完成得 0 分		
4	创建工件坐标系	完成左、右托盘工件坐标系的设定	6	设定错误 1 个扣 2 分, 扣完为止		
		操作流程	4	独立完成得 4 分, 在指导下完成得 2.5 分, 未完成得 0 分		
5	程序	RobotStudio 离线导出保存程序	2	未完成扣 2 分		
		RobotStudio 离线加载程序	3	未完成扣 3 分		
		操作流程	5	独立完成得 5 分, 在指导下完成得 3 分, 未完成得 0 分		
6	目标点的示教	示教安全点 phome, 抓取基准点 pPickBase, 放置基准点 pPlaceBase	6	示教错误 1 个扣 5 分, 扣完为止		
		操作流程	5	独立完成得 9 分, 在指导下完成得 6 分, 未完成得 0 分		
7	程序仿真运行	程序仿真运行	10	实现仿真得 10 分, 修改后得 6 分		
8	安全操作	安全操作	10	违反操作要求 1 次扣 2 分, 扣完为止		
		总分				

【思考与练习】

1. 简述常用的 I/O 配置方法。
2. 简述工具数据、工件坐标数据及有效载荷数据的创建方法。
3. 简述目标点的示教方法。
4. 完成搬运程序的设计。

【机器人小讲堂】

太空"百变金刚"——中国臂"天和机械臂"

2021 年 7 月 4 日上午，神舟十二号 3 名航天员进行中国空间站的首次出舱活动。在这次出舱任务中，空间站的核心舱机械臂首次配合航天员共同执行任务。11 月 8 日，神舟十三号 3 名航天员完成出舱活动，被称为百变金刚"中国臂"的空间站核心舱机械臂再次闪耀太空。由于机械臂的初始位置在天和核心舱小柱段对地球一面，因此得名"天和机械臂"。天和机械臂是一款仿人机械手臂，具有七自由度，比"加拿大臂"多一个自由度，同时还具有在舱外"自主"爬行和"自拍"的能力。天和机械臂的两根臂杆展开长度达 10.2m，其末端承载能力达 25t，是空间站任务中的"大力士"。天和机械臂是我国目前智能程度最高、规模与技术难度最大、系统最复杂的空间智能机械臂。天和机械臂不仅在我国是最先进的，其水平也同样处于世界前列。

项目3
PROJECT 3
码垛机器人的离线编程与仿真

【学习目标】

知识目标：

1. 熟悉工业机器人码垛工作站的布局。

2. 掌握中断程序的概念及用法。

3. 掌握轴配置监控指令和动作触发指令的格式及用法。

4. 学会码垛节拍优化技巧。

能力目标：

1. 能完成码垛常用的 I/O 配置。

2. 能使用软件进行码垛数据的创建。

3. 能运用软件进行码垛程序的编写。

4. 能运用动作触发指令准确触发动作。

【项目背景】

　　码垛机器人是在工业生产中执行大批量工件、包装件的抓取、搬运及码垛等任务的一类机器人，多应用于食品、饮料、化工、建材和物流仓储等行业生产线物料的堆放，码垛机器人的码垛过程基本相同。本项目通过将包装箱在输出位上进行码垛的任务来介绍码垛的编程方法和技巧。

【项目描述】

　　本项目是利用机器人完成码垛任务，整个工作站由产品输入线和产品输出位组成，要求将产品输入线中的产品码到产品输出位置。主要完成以下工作任务：

　　1）I/O 板卡的设置。

　　2）I/O 信号的设置。

　　3）程序数据的创建。

　　4）机器人程序的编制和调试。

5）目标点的示教。

通过本项目的学习，学生能够基本掌握机器人码垛等的相关操作，并掌握一定的码垛方面的技巧。本工作站的布局方式如图3-1所示。

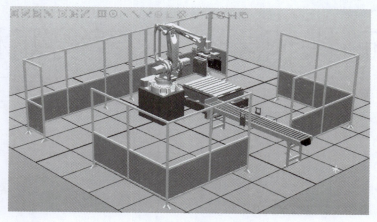

图3-1 工作站布局

【知识链接】

一、轴配置监控指令

1. 指令ConfL与ConfJ

ConfL与ConfJ的用法相同，ConfL用于指定机器人在线性运动及圆弧运动过程中是否严格遵循程序中已设定的轴配置参数。在默认情况下，轴配置监控是打开的，当关闭轴配置监控后，机器人在运动过程中采用最接近当前轴配置数据的配置到达指定目标点，影响的是MoveL。而ConfJ为关节线性运动过程中的轴监控开关，影响的是MoveJ。关闭轴配置监控时，机器人运动到目标点时不一定按照程序指定的轴配置数据进行配置。

在某些应用场合，有时离线编程创建目标点或手动示教相邻两目标点间轴配置数据相关较大时，在机器人运动过程中容易出现报警"轴配置错误"而造成停机，这种情况下，若对轴配置要求较高，一般通过添加中间过渡点来解决。若对轴配置参数要求不高，可通过ConfL/Off指令关闭轴监控指令，使机器人自动配置可行的轴配置来达到指定目标点。

2. 示例

【例1】目标点 P20 中，数据 [1, 0, 1, 0] 是其轴配置数据，请看如下代码：

ConfL/Off ；

MoveL p20，v100，fine，tool0 ；

此程序段在执行时，当机器人自动匹配一组最接近当前各关节的姿态的轴配置数据移动至目标点 P20 时，轴配置数据不一定为程序中指定的 [1，0，1，0]。

二、动作触发指令

在搬运过程中，为了提高节拍时间，在控制吸盘夹具动作过程中，吸取物品时需要提前打开真空，在放置物品时也需要提前释放真空。为了能够准确地触发吸盘夹具动作，通常采用动作触发指令 TriggL 来实现控制。

动作触发指令 TriggL 是在线性运动过程中，在指定的位置触发事件，如置位输出信号和激活中断等。动作触发指令可以定义多种类型的触发事件，如触发信号 TriggI/O、触发装置动作 TriggEquip，以及触发中断 TriggInt。

【例 2】编写触发装置动作程序，要求在距离终点 10mm 位置处触发机器人夹具的动作，触发动作如图 3-2 所示。

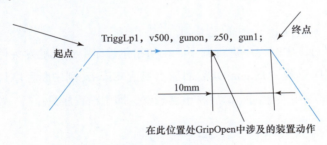

图3-2　触发动作

VAR triggdata GripOpen ；! 定义触发数据 GripOpen

TriggEquip GripOpen，10，0.1\DOp:=doGripOn,1;! 定义触发事件 GripOpen，在距离目标点 10mm 处，并提前 0.1s(用于抵销设备动作延迟时间) 触发指定事件，将数字输出信号 doGripOn 置为 1

TriggL p1，v500，GripOpen，z50，tGripper ；! 执行 TriggL，调用触发事件 GripOpen，即机器人 TCP 在朝向 P1 运动的过程中，在距离 P1 前 10mm 处，并且再提前 0.1s,，将 doGripOn 置为 1

如果触发距离的参考点是起点，则在触发距离后面添加变量 \Start，例如：

TriggEquip GripOpen，10\ Start，0.1\DOp:=doGripOn,1;

三、中断程序

在程序执行过程中，如果发生需要紧急处理的情况，这时就要中断当前正在执行的程序，跳转到需要执行的程序中，对紧急情况进行处理，处理结束后返回中断的地方继续执行被中断的程序。用来处理紧急情况的专门程序称为中断程序（TRAP）。例如：

VAR intnum intnol；！定义中断数据 intnol

IDelete intnol；！取消当前中断符 intnol 的连接，预防误触发

CONNECT intnol WITH tTrap；！将中断符与中断程序 tTrap 连接

ISignalDI di1，1，intnol；！定义触发条件，即当数字输入信号 di1 为 1 时，触发该中断程序

TRAP tTrap

　reg1：＝reg1+1；

END TRAP

在程序中不需要对该中断程序进行调用，在初始化程序中定义触发条件，当程序运行完定义语句后进入中断程序。若在 ISignalDI 后面加上变量 \Single，则中断程序只会在中断触发信号第一次置 1 时触发相应的中断程序，以后将不再触发，即中断程序只执行一次。

四、复杂数据

程序中的数据大多是组合型数据，包含多项数值或字符串。例如，目标点数据：

P0:=[[0,0,0],[1,0,0,0],[0,0,0,0],[9E9,9E9,9E9,9E9,9E9,9E9]]；

目标点数据中包含了 4 组数据，从前往后依次为 TCP 位置数据 [0，0，0]（trans）、TCP 姿态数据 [1，0，0，0]（rot）、轴配置参数 [0，0，0，0]（robconf）和外部数据 [9E9，9E9，9E9，9E9，9E9，9E9]（extax）。

【项目实施】

一、设置I/O单元

码垛机器人需要进行 I/O 单元的设置，I/O 单元参数设置见表 3-1。

表 3-1　I/O 单元参数设置

参数名称	设定值
Name	BOARD10
Type of Unit	d652
Connected to Bus	DeviceNet1
DeviceNet Address	10

设置 I/O 单元的步骤可参考项目 2 表 2-5。

二、设置I/O信号

在虚拟示教器中按表 3-2 所示设置 I/O 信号。

表 3-2　I/O 信号参数设置

序号	Name	Type of Signal	Assigned to Unit	Unit Mapping	I/O 注释
1	di00_BoxInPos_R	Digital Input	BOARD10	1	输入生产线产品到位信号
2	di03_PalletPos_R	Digital Input	BOARD10	3	码盘到位信号
3	di07_MotorOn	Digital Input	BOARD10	7	电动机上电
4	di08_Start	Digital Input	BOARD10	8	程序开始
5	di09_Stop	Digital Input	BOARD10	9	程序停止
6	di10_ StartAtMain	Digital Input	BOARD10	10	执行主程序
7	di11_EstopReset	Digital Input	BOARD10	11	急停复位
8	do00_ClampAct	Digital Output	BOARD10	0	控制夹板
9	do01_ HooKAct	Digital Output	BOARD10	1	控制钩爪
10	do03_ PalletFull_R	Digital Output	BOARD10	3	码盘满载信号
11	do05_ AutoOn	Digital Output	BOARD10	5	电动机上电

（续）

序号	Name	Type of Signal	Assigned to Unit	Unit Mapping	I/O 注释
12	do06_ Estop	Digital Output	BOARD10	6	急停状态
13	do07_ CycleOn	Digital Output	BOARD10	7	运行状态
14	do08_ Error	Digital Output	BOARD10	8	程序报错

设置 I/O 信号的步骤可参考项目 2 表 2-7。

三、设置系统输入/输出

系统输入 / 输出设置参数见表 3-3。

表 3-3　系统输入 / 输出信号设置

序号	Type	Signal name	Action/Status	Argument	注释
1	System Input	di07_MotorOn	Motors on	无	电动机上电
2	System Input	di08_Start	Start	Continuous	程序开始执行
3	System Input	di09_Stop	Stop	无	程序停止执行
4	System Input	di10_ tartAtMain	Start at Main	Continuous	从主程序开始执行
5	System Input	di11_EstopReset	Reset Emergency stop	无	急停复位
6	System Output	do05_ AutoOn	AutoOn	无	电动机上电状态
7	System Output	do06_ Estop	Emergency stop	无	急停状态
8	System Output	do07_ CycleOn	CycleOn	无	程序正在运行
9	System Output	do08_ Error	Execution error	T_ROB1	程序报错

系统输入 / 输出设置步骤见表 3-4。

表 3-4　系统输入 / 输出设置步骤

图　例	步　骤
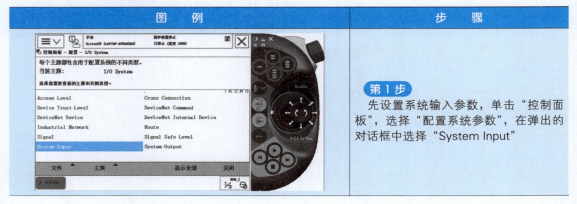	**第 1 步** 先设置系统输入参数，单击"控制面板"，选择"配置系统参数"，在弹出的对话框中选择"System Input"

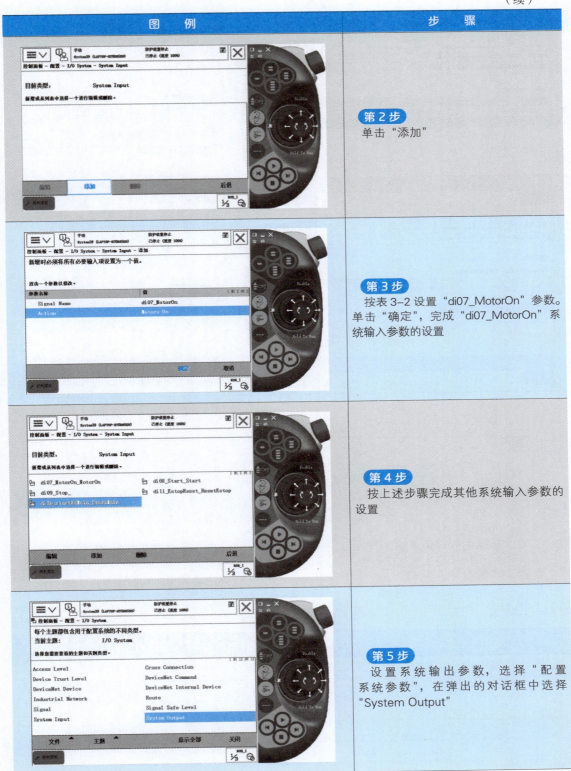

（续）

图　例	步　骤
	第2步 单击"添加"
	第3步 按表3-2设置"di07_MotorOn"参数。单击"确定"，完成"di07_MotorOn"系统输入参数的设置
	第4步 按上述步骤完成其他系统输入参数的设置
	第5步 设置系统输出参数，选择"配置系统参数"，在弹出的对话框中选择"System Output"

（续）

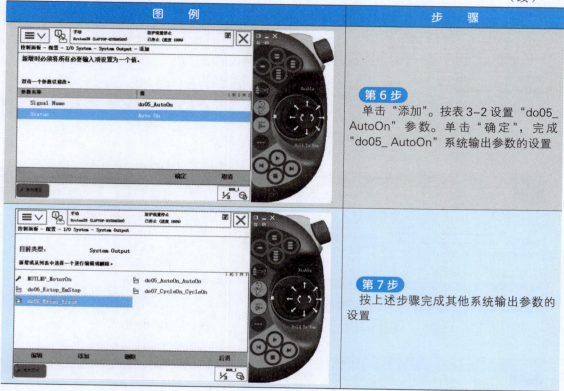

图　例	步　骤
	第6步 单击"添加"。按表3-2设置"do05_AutoOn"参数。单击"确定"，完成"do05_AutoOn"系统输出参数的设置
	第7步 按上述步骤完成其他系统输出参数的设置

四、创建工具数据

工具坐标系的标定仍采用 TCP 和 Z 法进行。

创建工具数据见表 3-5。

表 3-5　工具数据

参数名称	设定值
robothold	True
trans	
x	0
y	0
z	527

（续）

参数名称	设定值
rot	
q1	1
q2	0
q3	0
q4	0
mass	20
cog	
x	0
y	0
z	150
其余参数的设定选择默认	

从这个表格中可以得出如下信息：新设定的工具坐标系 tGripper 的重心偏移是 150mm，工具的重量是 20kg，工具坐标的 TCP 偏移是 527mm。

创建工具数据的步骤可参考项目 2 表 2-9。

五、创建工件坐标系

在本项目中需设定工件坐标系。工件坐标的设定仍采用三点法进行。设定工件坐标的步骤可参考项目 2 表 2-10。工件坐标系位置如图 3-3 所示。

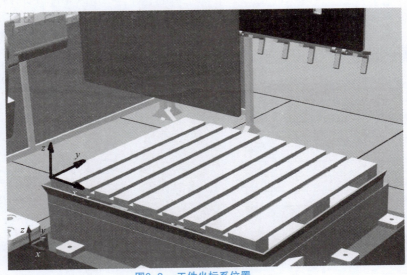

图3-3　工件坐标系位置

六、创建载荷数据

载荷数据参数见表3-6。

表 3-6　载荷数据参数

参数名称	设定值
mass	20
cog	
x	0
y	0
z	227
其余参数的设定选择默认	

创建载荷数据的步骤见表3-7。

表 3-7　创建载荷数据步骤

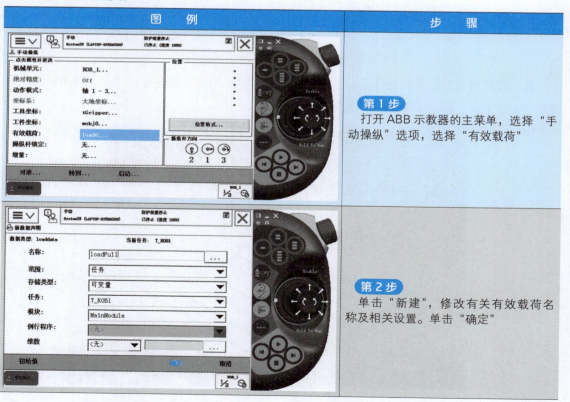

图　例	步　骤
	第1步　打开ABB示教器的主菜单，选择"手动操纵"选项，选择"有效载荷"
	第2步　单击"新建"，修改有关有效载荷名称及相关设置。单击"确定"

（续）

图 例	步 骤

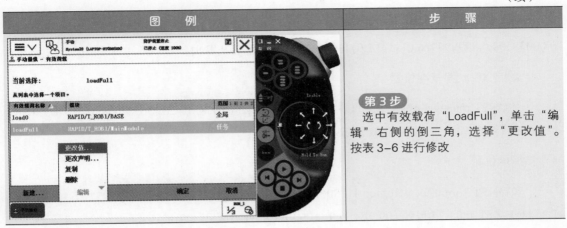

第3步
选中有效载荷"LoadFull"，单击"编辑"右侧的倒三角，选择"更改值"。按表3-6进行修改

七、加载程序

参考程序如下：

```
MODULE MainMoudle
    PERS wobjdata WobjPallet_R:=[FALSE,TRUE,"",[[-421.764,1102.39, -233.373],[1,0,0,0]],
[[0,0,0],[1,0,0,0]]];
    ！定义码盘工件坐标系
    PERS tooldata tGripper:=[TRUE,[[0,0,527],[1,0,0,0]],[20,[0,0,150],[1,0,0,0],0,0,0]];
    ！定义工具坐标系数据
    PERS loaddata LoadFull:=[20,[0,0,227],[1,0,0,0],0,0,0.1];
    ！定义有效载荷
    PERS wobjdata CurWobj;
    ！定义工具坐标系数据，此工件坐标系作为当前使用的坐标系
    PERS jointtarget jposHome:=[[0,0,0,0,0,0],[9E+09,9E+09,9E+09,9E+09,9E+09,9E+09]];
    ！定义关节点数据，各关节轴数据为零，用于手动将机器人运动至各关节机械零位
    CONST robtarget pPlaceBase0_R:=[[296.473529255,212.21064316,3.210904169],
[0,0.707221603,-0.70699194,0],[1,0,0,0],[9E9,9E9,9E9,9E9,9E9,9E9]];
```

！不旋转放置基准位置

CONST robtarget pPlaceBase90_R:=[[218.407102669,695.953395421,3.210997808],[0,
−0.00038594,0.999999926,0],[1,0,1,0],[9E9,9E9,9E9,9E9,9E9,9E9]];

！旋转 90° 放置基准位置

CONST robtarget pPick_R:=[[1611.055992534,442.364097921,−26.736584068],[0,0.707220363,
−0.706993181,0],[0,0,−1,0],[9E9,9E9,9E9,9E9,9E9,9E9]];

！抓取位置

CONST robtarget pHome:=[[1505.00,−0.00,878.55],[1.28548E−06,0.707107,−0.707107,
−1.26441E−06],[0,0,−2,0],[9E+09,9E+09,9E+09,9E+09,9E+09,9E+09]];

！程序起始点，即 Home 点

PERS robtarget pPlaceBase0;

PERS robtarget pPlaceBase90;

PERS robtarget pPick;

PERS robtarget pPlace;

！定义目标点数据，机器人当前使用的目标点

PERS robtarget pPickSafe;

！安全高度

PERS num nCycleTime:=3.803;

！定义数字型数据，用于存储单次节拍时间

PERS num nCount_R:=1;

！定义数字型数据，用于计数

PERS num nPallet:=2;

！定义数字型数据，利用 TEST 指令判断，当其为 2 时，进行码垛

PERS num nPalletNo:=2;

！定义数字型数据，利用 TEST 指令判断，当其为 2 时，进行码垛

PERS num nPickH:=300;

PERS num nPlaceH:=400;

! 定义数字型数据，分别对应抓取和放置时的安全高度

PERS num nBoxL:=605;

PERS num nBoxW:=405;

PERS num nBoxH:=300;

! 定义数字型数据，分别是产品的长、宽、高

VAR clock Timer1;

! 定义时钟数据，用于计时

PERS bool bReady:=TRUE;

! 定义布尔型数据，判断是否满足码垛条件

PERS bool bPalletFull_R:=FALSE;

! 定义布尔型数据，判断码盘是否已满

PERS bool bGetPosition:=FALSE;

! 定义布尔型数据，判断是否已计算出当前的取放位置

VAR triggdata HookAct;

VAR triggdata HookOff;

! 定义两个触发数据，分别对应夹具上钩爪的夹紧与松开动作

VAR intnum iPallet_R;

! 定义中断符，复位操作

PERS speeddata vMinEmpty:=[2000,400,6000,1000];

PERS speeddata vMidEmpty:=[3000,400,6000,1000];

PERS speeddata vMaxEmpty:=[5000,500,6000,1000];

PERS speeddata vMinLoad:=[1000,200,6000,1000];

PERS speeddata vMidLoad:=[2500,500,6000,1000];

PERS speeddata vMaxLoad:=[4000,500,6000,1000];

！定义多种速度数据，分别对应空载时的高、中、低速和满载时的高、中、低速，便于对各个动作进行速度控制

PERS num Compensation{15,3}:=[[0,0,0],[0,0,0],[0,0,0],[0,0,0],[0,0,0],[0,0,0],[0,0,0],[0,0,0], [0,0,0],[0,0,0],[0,0,0],[0,0,0],[0,0,0],[0,0,0],[0,0,0]];

！定义二维数组，用于各摆放位置的偏差调整；15组数据，对应15个摆放位置，每组数据3个数值，对应x、y、z的偏差值

```
PROC main()
！主程序
    rInitAll;
    ！调用初始化程序，包括复位、复位程序数据、初始化中断等
    WHILE TRUE DO
        IF bReady THEN
            rPick;
！调用抓取程序
            rPlace;
！调用放置程序
        ENDIF
        rCycleCheck;
！调用循环检测程序
    ENDWHILE
ENDPROC


PROC rInitAll()
！初始化程序
    rCheckHomePos;
```

```
        ConfL\OFF;

        ConfJ\OFF;

        nCount_L:=1;

        nCount_R:=1;

        nPallet:=1;

        nPalletNo:=1;

        bPalletFull_R:=FALSE;

        bGetPosition:=FALSE;

        Reset do00_ClampAct;

        Reset do01_HookAct;

        ClkStop Timer1;

        ClkReset Timer1;

        TriggEquip HookAct,100,0.1\DOp:=do01_HookAct,1;

        TriggEquip HookOff,100\Start,0.1\DOp:=do01_HookAct,0;

        IDelete iPallet_R;

        CONNECT iPallet_R WITH tEjectPallet_R;

        ISignalDI di03_PalletInPos_R,0,iPallet_R;

ENDPROC


PROC rPick()

! 抓取程序

        ClkReset Timer1;

        ClkStart Timer1;

        rCalPosition;

        MoveJ Offs(pPick,0,0,nPickH),vMaxEmpty,z50,tGripper\WObj:=wobj0;

        MoveL pPick,vMinLoad,fine,tGripper\WObj:=wobj0;
```

```
        Set do00_ClampAct;

        Waittime 0.3;

        GripLoad LoadFull;

        TriggL Offs(pPick,0,0,nPickH),vMinLoad,HookAct,z50,tGripper\WObj:=wobj0;

        MoveL pPickSafe,vMaxLoad,z100,tGripper\WObj:=wobj0;
    ENDPROC


    PROC rPlace()
    ！放置程序
        MoveJ Offs(pPlace,0,0,nPlaceH),vMaxLoad,z50,tGripper\WObj:=CurWobj;

        TriggL pPlace,vMinLoad,HookOff,fine,tGripper\WObj:=CurWobj;

        Reset do00_ClampAct;

        Waittime 0.3;

        GripLoad Load0;

        MoveL Offs(pPlace,0,0,nPlaceH),vMinEmpty,z50,tGripper\WObj:=CurWobj;

        rPlaceRD;

        MoveJ pPickSafe,vMaxEmpty,z50,tGripper\WObj:=wobj0;

        ClkStop Timer1;

        nCycleTime:=ClkRead(Timer1);
    ENDPROC


    PROC rCycleCheck()
    ！周期循环检查
        TPErase;

        TPWrite "The Robot is running!";

        TPWrite "Last cycle time is : "\Num:=nCycleTime;
```

```
        TPWrite "The number of the Boxes in the Right pallet is:"\Num:=nCount_R-1;

        IF(bPalletFull_R=FALSE AND di03_PalletInPos_R=1 AND di01_BoxInPos_R=1)THEN

            bReady:=TRUE;

        ELSE

            bReady:=FALSE;

            WaitTime 0.1;

        ENDIF

ENDPROC


PROC rCalPosition()

!  计算位置程序

        bGetPosition:=FALSE;

        WHILE bGetPosition=FALSE DO

            TEST nPallet

    IF bPalletFull_R=FALSE AND di03_PalletInPos_R=1 AND di01_BoxInPos_R=1 THEN

                pPick:=pPick_R;

                pPlaceBase0:=pPlaceBase0_R;

                pPlaceBase90:=pPlaceBase90_R;

                CurWobj:=WobjPallet_R;

                pPlace:=pPattern(nCount_R);

                bGetPosition:=TRUE;

                nPalletNo:=2;

            ELSE

                bGetPosition:=FALSE;

        ENDIF
```

```
            nPallet:=1;

        DEFAULT:

            TPERASE;

            TPWRITE "The data 'nPallet' is error,please check it!";

            Stop;

        ENDTEST

    ENDWHILE

ENDPROC


FUNC robtarget pPattern(num nCount)
```

! 计算摆放位置功能程序，此程序为带参数的程序

```
    VAR robtarget pTarget;

    IF nCount>=1 AND nCount<=5 THEN

        pPickSafe:=Offs(pPick,0,0,400);

    ELSEIF nCount>=6 AND nCount<=10 THEN

        pPickSafe:=Offs(pPick,0,0,600);

    ELSEIF nCount>=11 AND nCount<=15 THEN

        pPickSafe:=Offs(pPick,0,0,800);

    ENDIF

    TEST nCount

    CASE 1:

        pTarget.trans.x:=pPlaceBase0.trans.x;

        pTarget.trans.y:=pPlaceBase0.trans.y;

        pTarget.trans.z:=pPlaceBase0.trans.z;

        pTarget.rot:=pPlaceBase0.rot;

        pTarget.robconf:=pPlaceBase0.robconf;
```

```
        pTarget:=Offs(pTarget,Compensation{nCount,1},Compensation{nCount,2},Compensation
{nCount,3});

    CASE 2:

        pTarget.trans.x:=pPlaceBase0.trans.x+nBoxL;

        pTarget.trans.y:=pPlaceBase0.trans.y;

        pTarget.trans.z:=pPlaceBase0.trans.z;

        pTarget.rot:=pPlaceBase0.rot;

        pTarget.robconf:=pPlaceBase0.robconf;

        pTarget:=Offs(pTarget,Compensation{nCount,1},Compensation{nCount,2},Compensation{n
Count,3});

    CASE 3:

        pTarget.trans.x:=pPlaceBase90.trans.x;

        pTarget.trans.y:=pPlaceBase90.trans.y;

        pTarget.trans.z:=pPlaceBase90.trans.z;

        pTarget.rot:=pPlaceBase90.rot;

        pTarget.robconf:=pPlaceBase90.robconf;

        pTarget:=Offs(pTarget,Compensation{nCount,1},Compensation{nCount,2},Compensation{n
Count,3});

    CASE 4:

        pTarget.trans.x:=pPlaceBase90.trans.x+nBoxW;

        pTarget.trans.y:=pPlaceBase90.trans.y;

        pTarget.trans.z:=pPlaceBase90.trans.z;

        pTarget.rot:=pPlaceBase90.rot;

        pTarget.robconf:=pPlaceBase90.robconf;

        pTarget:=Offs(pTarget,Compensation{nCount,1},Compensation{nCount,2},Compensation{n
Count,3});

    CASE 5:
```

```
            pTarget.trans.x:=pPlaceBase90.trans.x+2*nBoxW;

            pTarget.trans.y:=pPlaceBase90.trans.y;

            pTarget.trans.z:=pPlaceBase90.trans.z;

            pTarget.rot:=pPlaceBase90.rot;

            pTarget.robconf:=pPlaceBase90.robconf;

        pTarget:=Offs(pTarget,Compensation{nCount,1},Compensation{nCount,2},Compensation{nCount,3});

        CASE 6:

            pTarget.trans.x:=pPlaceBase0.trans.x;

            pTarget.trans.y:=pPlaceBase0.trans.y+nBoxL;

            pTarget.trans.z:=pPlaceBase0.trans.z+nBoxH;

            pTarget.rot:=pPlaceBase0.rot;

            pTarget.robconf:=pPlaceBase0.robconf;

        pTarget:=Offs(pTarget,Compensation{nCount,1},Compensation{nCount,2},Compensation{nCount,3});

        CASE 7:

            pTarget.trans.x:=pPlaceBase0.trans.x+nBoxL;

            pTarget.trans.y:=pPlaceBase0.trans.y+nBoxL;

            pTarget.trans.z:=pPlaceBase0.trans.z+nBoxH;

            pTarget.rot:=pPlaceBase0.rot;

            pTarget.robconf:=pPlaceBase0.robconf;

        pTarget:=Offs(pTarget,Compensation{nCount,1},Compensation{nCount,2},Compensation{nCount,3});

        CASE 8:

            pTarget.trans.x:=pPlaceBase90.trans.x;

            pTarget.trans.y:=pPlaceBase90.trans.y-nBoxW;
```

```
        pTarget.trans.z:=pPlaceBase90.trans.z+nBoxH;

        pTarget.rot:=pPlaceBase90.rot;

        pTarget.robconf:=pPlaceBase90.robconf;

    pTarget:=Offs(pTarget,Compensation{nCount,1},Compensation{nCount,2},Compensation{n
Count,3});

      CASE 9:

        pTarget.trans.x:=pPlaceBase90.trans.x+nBoxW;

        pTarget.trans.y:=pPlaceBase90.trans.y-nBoxW;

        pTarget.trans.z:=pPlaceBase90.trans.z+nBoxH;

        pTarget.rot:=pPlaceBase90.rot;

        pTarget.robconf:=pPlaceBase90.robconf;

    pTarget:=Offs(pTarget,Compensation{nCount,1},Compensation{nCount,2},Compensation{n
Count,3});

      CASE 10:

        pTarget.trans.x:=pPlaceBase90.trans.x+2*nBoxW;

        pTarget.trans.y:=pPlaceBase90.trans.y-nBoxW;

        pTarget.trans.z:=pPlaceBase90.trans.z+nBoxH;

        pTarget.rot:=pPlaceBase90.rot;

        pTarget.robconf:=pPlaceBase90.robconf;

    pTarget:=Offs(pTarget,Compensation{nCount,1},Compensation{nCount,2},Compensation{n
Count,3});

      CASE 11:

        pTarget.trans.x:=pPlaceBase0.trans.x;

        pTarget.trans.y:=pPlaceBase0.trans.y;

        pTarget.trans.z:=pPlaceBase0.trans.z+2*nBoxH;

        pTarget.rot:=pPlaceBase0.rot;
```

```
        pTarget.robconf:=pPlaceBase0.robconf;

    pTarget:=Offs(pTarget,Compensation{nCount,1},Compensation{nCount,2},Compensation{n
Count,3});

        CASE 12:

            pTarget.trans.x:=pPlaceBase0.trans.x+nBoxL;

            pTarget.trans.y:=pPlaceBase0.trans.y;

            pTarget.trans.z:=pPlaceBase0.trans.z+2*nBoxH;

            pTarget.rot:=pPlaceBase0.rot;

            pTarget.robconf:=pPlaceBase0.robconf;

    pTarget:=Offs(pTarget,Compensation{nCount,1},Compensation{nCount,2},Compensation{n
Count,3});

        CASE 13:

            pTarget.trans.x:=pPlaceBase90.trans.x;

            pTarget.trans.y:=pPlaceBase90.trans.y;

            pTarget.trans.z:=pPlaceBase90.trans.z+2*nBoxH;

            pTarget.rot:=pPlaceBase90.rot;

            pTarget.robconf:=pPlaceBase90.robconf;

    pTarget:=Offs(pTarget,Compensation{nCount,1},Compensation{nCount,2},Compensation
{nCount,3});

        CASE 14:

            pTarget.trans.x:=pPlaceBase90.trans.x+nBoxW;

            pTarget.trans.y:=pPlaceBase90.trans.y;

            pTarget.trans.z:=pPlaceBase90.trans.z+2*nBoxH;

            pTarget.rot:=pPlaceBase90.rot;

            pTarget.robconf:=pPlaceBase90.robconf;

    pTarget:=Offs(pTarget,Compensation{nCount,1},Compensation{nCount,2},Compensation
{nCount,3});
```

```
    CASE 15:

        pTarget.trans.x:=pPlaceBase90.trans.x+2*nBoxW;

        pTarget.trans.y:=pPlaceBase90.trans.y;

        pTarget.trans.z:=pPlaceBase90.trans.z+2*nBoxH;

        pTarget.rot:=pPlaceBase90.rot;

        pTarget.robconf:=pPlaceBase90.robconf;

    pTarget:=Offs(pTarget,Compensation{nCount,1},Compensation{nCount,2},Compensation{n
Count,3});

    DEFAULT:

        TPErase;

        TPWrite "The data 'nCount' is error,please check it !";

        stop;

    ENDTEST

    Return pTarget;

ENDFUNC


PROC rPlaceRD()

! 码垛计数程序

    TEST nPalletNo

    Incr nCount_R;

        IF nCount_R>15 THEN

            Set do03_PalletFull_R;

            bPalletFull_R:=TRUE;

            nCount_R:=1;

        ENDIF

    DEFAULT:
```

```
        TPERASE;

        TPWRITE "The data 'nPalletNo' is error,please check it!";

        Stop;

    ENDTEST

ENDPROC


PROC rCheckHomePos()
```

！检测机器人是否在 Home 点

```
    VAR robtarget pActualPos;

    IF NOT CurrentPos(pHome,tGripper) THEN

        pActualpos:=CRobT(\Tool:=tGripper\WObj:=wobj0);

        pActualpos.trans.z:=pHome.trans.z;

        MoveL pActualpos,v500,z10,tGripper;

        MoveJ pHome,v1000,fine,tGripper;

    ENDIF

ENDPROC


FUNC bool CurrentPos(robtarget ComparePos,INOUT tooldata TCP)
```

！比较机器人当前位置是否在给定目标点的偏差范围内

```
    VAR num Counter:=0;

    VAR robtarget ActualPos;

    ActualPos:=CRobT(\Tool:=TCP\WObj:=wobj0);

    IF ActualPos.trans.x>ComparePos.trans.x-25 AND ActualPos.trans.x<ComparePos.trans.
x+25 Counter:=Counter+1;

    IF ActualPos.trans.y>ComparePos.trans.y-25 AND ActualPos.trans.y<ComparePos.trans.
y+25 Counter:=Counter+1;
```

IF ActualPos.trans.z>ComparePos.trans.z-25 AND ActualPos.trans.z<ComparePos.trans.z+25 Counter:=Counter+1;

IF ActualPos.rot.q1>ComparePos.rot.q1-0.1 AND ActualPos.rot.q1<ComparePos.rot.q1+0.1 Counter:=Counter+1;

IF ActualPos.rot.q2>ComparePos.rot.q2-0.1 AND ActualPos.rot.q2<ComparePos.rot.q2+0.1 Counter:=Counter+1;

IF ActualPos.rot.q3>ComparePos.rot.q3-0.1 AND ActualPos.rot.q3<ComparePos.rot.q3+0.1 Counter:=Counter+1;

IF ActualPos.rot.q4>ComparePos.rot.q4-0.1 AND ActualPos.rot.q4<ComparePos.rot.q4+0.1 Counter:=Counter+1;

RETURN Counter=7;

ENDFUNC

TRAP tEjectPallet_R

Reset do03_PalletFull_R;

bPalletFull_R:=FALSE;

ENDTRAP

PROC rMoveAbsj()

！机器人回零。手动将机器人移动至各关节轴机械零点，在程序运行过程中不调用

MoveAbsJ jposHome\NoEOffs, v100, fine, tGripper\WObj:=wobj0;

ENDPROC

PROC rModPos()

！手动示教目标点程序

MoveL pHome,v100,fine,tGripper\WObj:=Wobj0;

MoveL pPick_R,v100,fine,tGripper\WObj:=Wobj0;

MoveL pPlaceBase0_R,v100,fine,tGripper\WObj:=WobjPallet_R;

MoveL pPlaceBase90_R,v100,fine,tGripper\WObj:=WobjPallet_R;

ENDPROC

ENDMODULE

八、目标点的示教

本项目中需要示教的目标点一共有 5 个，分别是安全点 Home、pHome、抓取基准点 pPick_R、不旋转放置点 pPlaceBase0_R 和旋转 90° 放置点 pPlaceBase90_R。这 5 个目标点的示教均在手动示教目标点的子程序 rModPosPos() 中完成，示教目标点的步骤请参照第 2 章的目标点示教步骤。

【项目拓展】

1. 数组

在程序编写过程中，有时需要调用大量的同种类型、同种用途的数据，创建数据时可以用数组来存放这些数据。

【例 3】定义一个二维数组：

num num1{3，4}：=[[1，2，3，4]

        [2，3，4，5]

        [3，4，5，6]]；! 定义二维数组 num1

VAR

num2：= num1{3，4}；! num2 被赋值为数组 num1 的 {3，4} 的值，即 6。

对于一些常见的码垛，可以利用数组来存放各产品的摆放位置数据，在放置程序中直接调用该数据即可。例如，如图 3-4 所示，摆放 5 个位置，产品尺寸为 600mm × 400mm。

分析：建立一个 {5，4} 的数组，用于储存 5 个摆放位置。这个数组中共有 5 组数据，分别对应 5 个摆放位置，每组数据中有 4 项数值，分别代表 x、y、z 偏移值和旋转角度，只需示教一个基准点。程序如下：

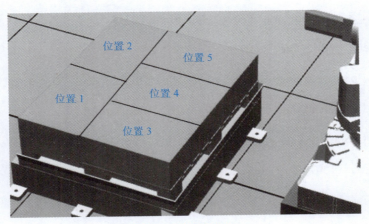

图3-4　码垛摆放位置

```
PERS num nPosition{5，4}:=[[0，0，0，0]，[600，0，0，0]，[-100，500，0，-90]，[300，
500，0，-90]，[700，500，0，-90]]；

PERS num nCount：=1；

PROC rPlace（）

……

MoveL RelTool(p1，nPosition{nCount，1}，nPosition{nCount，2}，nPosition{nCount，3}\Rz:=
nPosition{nCount，4}),V1000,fine,tGripper\WobjPallet_L；

……

ENDPROC
```

调用该数组时，第一项索引号为产品计数 nCount，利用 RelTool 功能将数组中每组数据的各项数值分别叠加到 x、y、z 偏移，以及绕着工具 z 轴方向旋转的角度数上，可较为简单地实现码垛位置计算。

2. 带参数的例行程序

当几个例行程序执行过程相似，只是起点不同时，可编写带参数的例行程序，在程序中调用可以简化整个程序。

【例 4】编制一个画正方形的带参数的通用程序，在这个例行程序中需要两个参数：一个是正方形的顶点，一个是正方形的边长，程序如下：

```
PROC rDraw_Square(robotarget Pstart，num nLong)

Movel   pStart, v100, fine, tool1 ;

Movel  Offs（pStart, nLong, 0, 0), v100, fine, tool1 ;

Movel  Offs（pStart, nLong, -nLong, 0), v100, fine, tool1 ;

Movel  Offs（pStart, 0, -nLong, 0), v100, fine, tool1 ;

Movel   pStart, v100, fine, tool1 ;

ENDPROC
```

调用带参数的程序 PROC rDraw_Square（在程序中，机器人的运行轨迹是以 P10 为起点，边长为 200mm 的正方形）：

```
PROC rDraw()

rDraw_Square P10，200 ;

ENDPROC
```

3. 码垛节拍优化

在码垛过程中，影响工作效率最关键的因素是每一个运行周期的节拍，在码垛程序中通常可以在以下几个方面对节拍进行优化。

1）整个机器人的码垛系统布局要合理，使取件点和放件点尽可能近，优化夹具，缩短重量，缩短夹具开合时间；尽可能缩短机器人空运行的时间，在保证安全的前提下，减少过渡点；合理运用 MoveJ 指令代替 MoveL 指令。

2）程序中尽量少用 Waittime 等待时间指令，为了保证工件可在夹具上添加反馈信号，利用 WaitDI 指令，当等待条件满足时则立即执行。

3）善于运用 Trigg 触发指令，使机器人在准确的位置触发事件，以便在机器人速度不衰减的情况下准确执行动作。

【项目评价】

项目 3 评价表见表 3-8。

表 3-8　项目 3 评价表

序号	任务	考核要点	配分	评分标准	得分	备注
1	设置 I/O 单元	参数的设定值正确	2	参数的设定值错 1 个扣 1 分，扣完为止		
		操作流程	3	熟练操作		
2	设置 I/O 信号	I/O 信号设置正确	11	信号设置错一个扣 1 分，扣完为止		
		操作流程	4	熟练操作		
3	设置系统输入/输出	系统输入/输出信号设置正确	10	信号设置错一个扣 1 分，扣完为止		
		操作流程	5	独立完成得 5 分，在指导下完成得 3 分，未完成得 0 分		
4	创建工具数据	工具数据参数设置正确	5	设定值错一个扣 1 分，扣完为止		
		操作流程	3	独立完成得 3 分，在指导下完成得 1 分，未完成得 0 分		
5	创建工件坐标系	正确创建工件坐标系	4	设定错误 1 个扣 1 分，扣完为止		
		操作流程	3	熟练操作		
6	创建载荷数据	正确设置载荷数据	5	设置数据错误 1 个扣 1 分，扣完为止		
		操作流程	5	独立完成得 5 分，在指导下完成得 3 分，未完成得 0 分		
7	程序	导入程序	2	能导入备份程序		
		操作流程	3	熟练操作		
8	目标点的示教	示教安全点 pHome，抓取基准点 pPickBase. 放置基准点 pPlaceBase	6	示教错误 1 个扣 5 分，扣完为止		
		操作流程	9	独立完成得 15 分，在指导下完成得 10 分，未完成得 0 分		
9	程序仿真运行	程序仿真运行	10	实现仿真得 10 分，修改后得 6 分		
10	安全操作	符合上机实训操作要求	10	违反操作要求 1 次扣 2 分，扣完为止		
		总分				

【思考与练习】

1. 简述码垛 I/O 信号的配置方法。

2. 简述准确触发动作指令的用法。

3. 总结码垛节拍的优化技巧。

4. 简述多工位码垛程序的编写方法。

5. 简述工作站的仿真步骤。

6. 图 3-5 所示的双工位码垛任务应该如何进行离线编程和仿真？

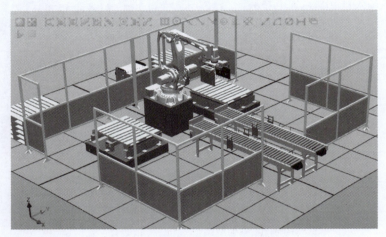

图3-5 双工位码垛工作站

【机器人小讲堂】

"先行者"——第一台国产类人型机器人

2000 年 11 月，我国第一台类人型机器人"先行者"（图 3-6）在国防科技大学亮相，代表我国在机器人神经网络系统、生理视觉系统、双手协调系统以及手指控制系统等多方面取得了重大成果，标志着我国机器人技术已跻身国际先进行列。"先行者"是我国独立研制的第一台具有人类外观特征、可以模拟人类行走与基本操作的类人型机器人，重 20公斤，不但具有类似人的眼睛、脖颈、身躯、双臂与双足，而且具备一定的语言功能，将我国机器人技术研究推向了新高度。

图3-6 类人型机器人——先行者

项目4

PROJECT 4

PROJECT 4

激光切割机器人的离线编程与仿真

【学习目标】

知识目标：

1. 了解离线轨迹编程的关键点。

2. 掌握曲线的选取方法和技巧。

3. 熟悉轴配置等参数的含义和格式。

能力目标：

1. 能正确拾取机器人的轨迹曲线。

2. 能根据轨迹生成机器人的轨迹路径。

3. 能进行示教机器人目标点的调整。

4. 能正确使用机器人离线编程辅助工具。

【项目背景】

汽车玻璃涂胶、焊接机器人的焊接等对机器人的运动轨迹有严格要求，必须保证轨迹的精度。有时运动轨迹是不规则曲线，通过示教编程的方式无法达到要求，需要利用 RobotStudio 的图形化编程方式来根据 3D 模型的曲线特征自动转换成机器人的运行轨迹。这种方法省时、省力，且容易保证轨迹精度。本项目通过完成圆形激光切割程序的创建和仿真介绍特殊轨迹曲线的拾取和自动路径的生成方法。

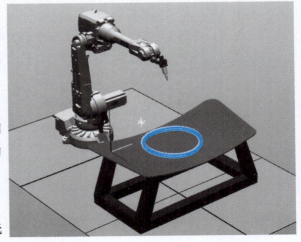

【项目描述】

完成曲面上的圆形轨迹（图 4-1）的激光切割路径。工作站已经建立完成，只需完成

图4-1 机器人激光切割的运行轨迹路径

自动路径的规划及仿真即可。本项目要完成以下工作：

1）创建机器人的离线轨迹曲线及路径。

2）完成目标点的调整及轴参数的配置。

3）完善程序并仿真运行。

【知识链接】

在离线轨迹编程中，最重要的三个步骤是创建图形曲线、调整目标点以及调整轴配置参数。

1. 图形曲线

1）要生成路径的曲线可以先利用建模功能创建，还可以通过捕捉3D模型的边缘进行轨迹的创建。在创建自动路径时，可以用鼠标捕捉3D模型边缘，从而生成机器人运动轨迹。

2）将一些复杂的3D模型导入RobotStudio中以后，某些特征会丢失，所以导入前要先绘制相关曲线；导入3D模型后直接将已有的曲线直接转化成机器人轨迹。

3）生成机器人轨迹时，需要根据实际情况，选取合适的参数并调整参数值的大小。

2. 调整目标点

有时用一种方法很难一次将目标点调整到位，尤其对工具姿态要求很高的工艺场合，通常通过综合运用多种方法进行多次调整。可以先将某个目标点调整好，其他目标点的某些属性可以参考这个目标点进行方向对准。

3. 调整轴配置参数

在对目标点进行轴配置过程中，会遇到相邻两个目标点之间的轴配置变化过大，在程序运行过程中会出现无法完成轴配置的现象。一般可以采取如下方法进行更改：

1）轨迹起始点使用不同的轴配置参数，可以勾选"包含转数"之后再选择轴配置参数。

2）更改轨迹起始点的位置。

3）使用其他指令，如SingArea、ConfL和ConfJ等。

【项目实施】

一、创建机器人离线轨迹曲线及路径

1. 解压工作站

解压工作站LaserCutting，解压后的工业机器人激光切割工作站如图4-2所示。

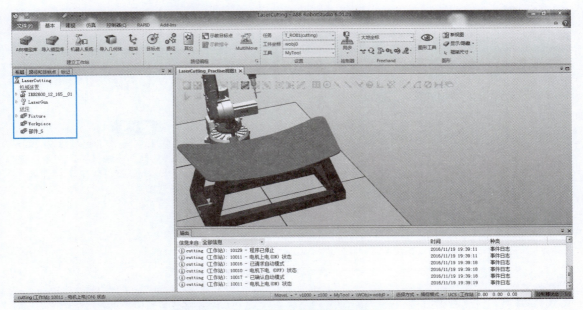

图4-2　工业机器人的激光切割工作站

2. 创建工件坐标系

要根据已建立的 3D 曲线生成工业机器人的运行轨迹。在生成轨迹过程中要创建工件坐标系，即用户坐标系，以方便编程及路径的修改。工件坐标系一般以加工工件的固定装置的特征点为基准，在本项目中以支架的一个角点为原点，创建如图 4-3 所示的工件坐标系。

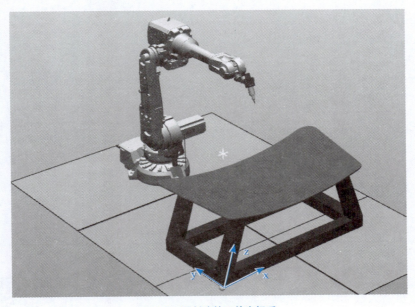

图4-3　要创建的工件坐标系

创建工件坐标系的步骤见表 4-1。

表4-1　工件坐标系创建步骤

图　　例	步　　骤
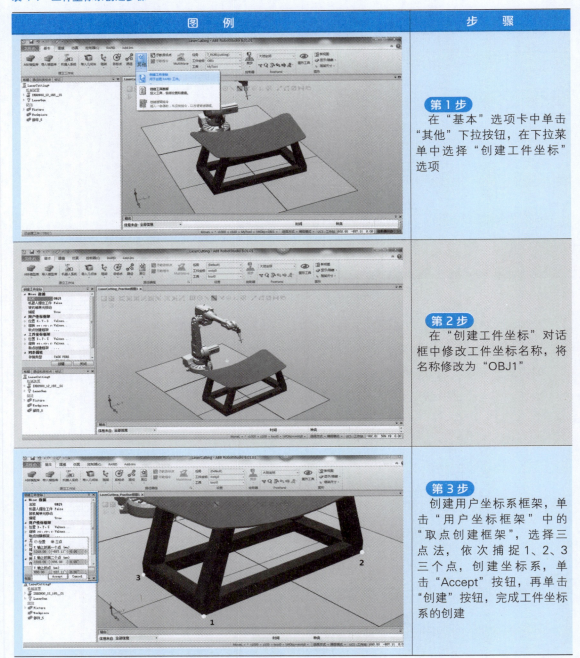	**第1步**　　在"基本"选项卡中单击"其他"下拉按钮，在下拉菜单中选择"创建工件坐标"选项
	第2步　　在"创建工件坐标"对话框中修改工件坐标名称，将名称修改为"OBJ1"
	第3步　　创建用户坐标系框架，单击"用户坐标框架"中的"取点创建框架"，选择三点法，依次捕捉1、2、3三个点，创建坐标系，单击"Accept"按钮，再单击"创建"按钮，完成工件坐标系的创建

3. 生成工业机器人激光切割路径

生成工业机器人激光切割路径的步骤见表4-2。

表4-2　工业机器人激光切割路径生成步骤

图　例	步　骤
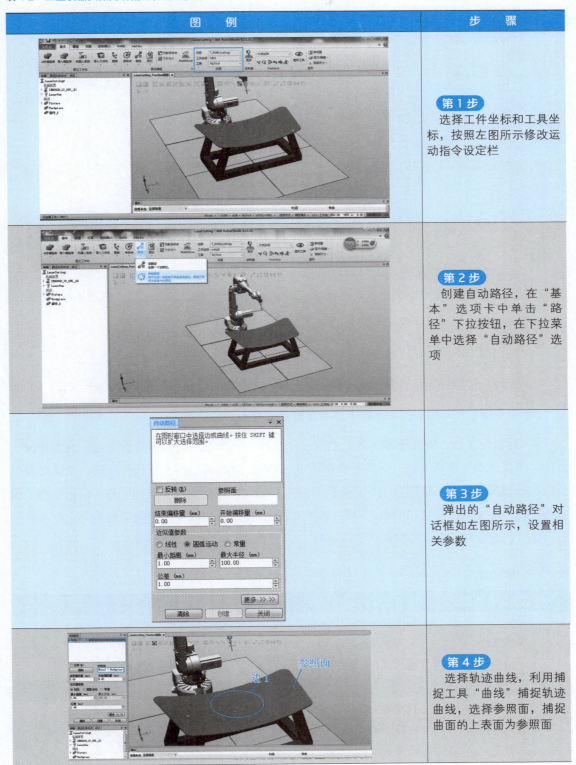	**第1步** 选择工件坐标和工具坐标，按照左图所示修改运动指令设定栏
	第2步 创建自动路径，在"基本"选项卡中单击"路径"下拉按钮，在下拉菜单中选择"自动路径"选项
	第3步 弹出的"自动路径"对话框如左图所示，设置相关参数
	第4步 选择轨迹曲线，利用捕捉工具"曲线"捕捉轨迹曲线，选择参照面，捕捉曲面的上表面为参照面

（续）

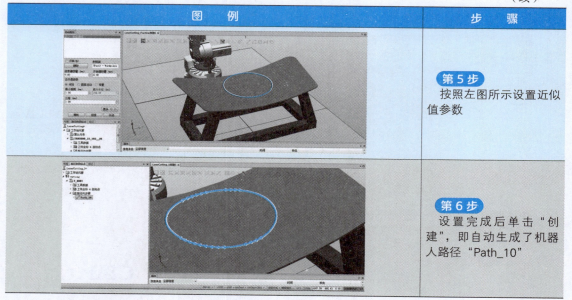

图 例	步 骤
	第5步 按照左图所示设置近似值参数
	第6步 设置完成后单击"创建"，即自动生成了机器人路径"Path_10"

"自动路径"对话框中的相关参数的含义介绍如下：

1）在图形窗口中选择边或曲线，选择所要执行的运动轨迹曲线。

2）反转：将轨迹运行方向置反，默认顺时针方向运行，反转后为逆时针方向运行。

3）参照面：生成的目标点 z 轴方向与选定表面处于垂直状态。

4）近似值参数：需要根据不同的曲线特征选择不同类型的近似值参数类型。通常情况下选中"圆弧运动"单选按钮，圆弧运动在处理曲线时，线性部分则执行线性运动，圆弧部分执行则执行圆弧运动，不规则曲线部分则执行分段式的线性运动；而"线性"和"常量"都是固定的模式，即全部按照选定的模式对曲线进行处理，使用不当则会产生大量的多余点位或路径不满足工艺要求。近似值参数说明见表4-3。

表 4-3 近似值参数说明

近似值参数类型	说 明
线性	每个目标生成线性指令，圆弧作为分段线性处理
圆弧运动	在曲线的圆弧特征处生成圆弧指令，在线性特征处生成线性指令
常量	生成具有恒定间隔距离的点
属性值 /mm	**说 明**
最小距离	设置两生成点之间的最小距离，即小于该距离的点将被过滤掉
最大半径	在将圆弧视为直线前确定圆的半径大小，直线视为半径无限大的圆
弦差	设置生成点所允许的几何描述的最大偏差

二、机器人目标点的调整及 轴参数的配置

1. 机器人目标点的调整

工业机器人还不能直接按照刚刚由曲线自动生成的轨迹运行，因为部分目标点姿态机器人难以到达。所以要修改目标点的姿态，从而使机器人能达到各个目标点。目标点调整的步骤见表4-4。

表4-4　目标点调整步骤

图　例	步　骤
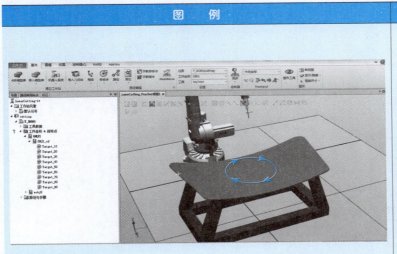	**第1步** 查看自动生成的目标点，在"基本"选项卡中单击"路径和目标点"，依次展开"cutting"→"T_ROB1"→"工件坐标 & 目标点"→"OBJ1"→"OBJ1_of"结点，即可看到自动生成的各个目标点
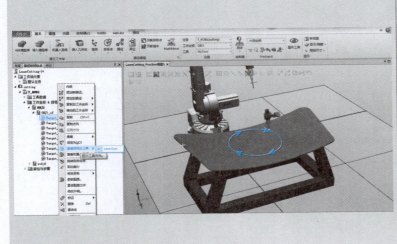	**第2步** 在调整目标点的过程中，为了便于查看工具在此姿态下的效果，可以在目标点位置处显示工具。选中目标点并单击鼠标右键，在弹出的快捷菜单中选择"查看目标处工具"选项，在轨迹上即显示出工具的姿态 说明：从这可以看出机器人达不到图示的姿态，需要改变其工作姿态，从而使机器人能够到达该目标点

（续）

图　例	步　骤
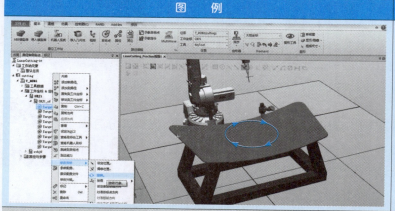	**第3步** 通过观察可知在该目标点处，只需使该目标点的工具绕z轴旋转−150°，选择目标点并单击鼠标右键，在弹出的快捷菜单中选择"修改目标"→"旋转"选项
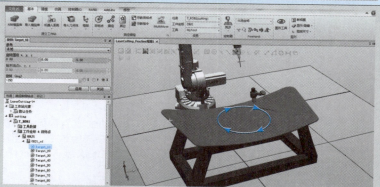	**第4步** 设置参数。在"参考"下拉列表框中选择"本地"选项，即参考该目标点本身的x、y、z方向。设置完成后单击"应用"按钮
	**第5步** 工具按照设置进行了旋转
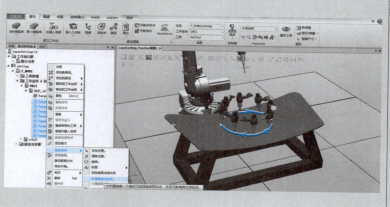	**第6步** 可以依照此方法修改其他的目标点，在处理大量的目标点时可以批量处理。在本项目中，当前自动生成的目标点的z轴方向均为工件表面的法线方向，此处z轴不需要进行调整，通过第一个点的调整可知，只需调整各目标点的x轴方向即可。因此，选中所有剩余的目标点（利用<Shift>键和鼠标左键）进行统一调整。右键单击选中的目标点，在弹出的快捷菜单中选择"修改目标"→"对准目标点方向"选项

（续）

图　例	步　骤
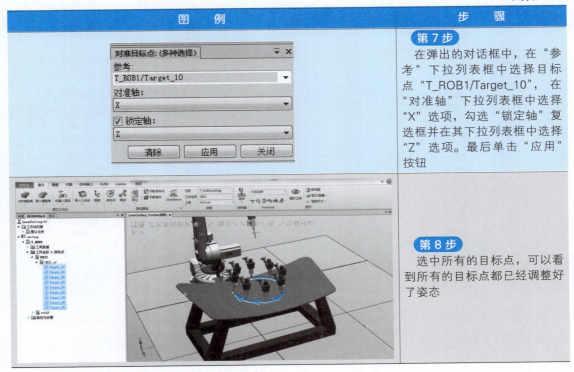	**第7步** 在弹出的对话框中，在"参考"下拉列表框中选择目标点"T_ROB1/Target_10"，在"对准轴"下拉列表框中选择"X"选项，勾选"锁定轴"复选框并在其下拉列表框中选择"Z"选项。最后单击"应用"按钮 **第8步** 选中所有的目标点，可以看到所有的目标点都已经调整好了姿态

2. 轴配置参数的设置

工业机器人要到达某个目标点，存在多种关节轴的组合情况，即多种轴配置参数。所以需要为自动生成的目标点调整轴配置参数。

1）配置单个目标点的轴配置参数，配置步骤见表4-5。

表4-5　目标点 Target_10 的轴配置参数配置步骤

图　例	步　骤
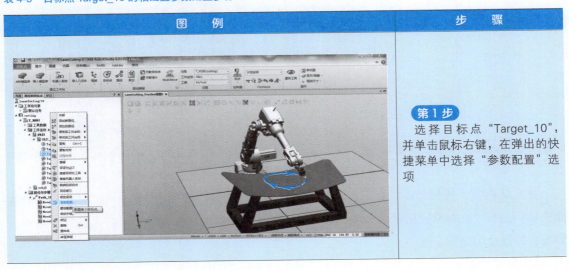	**第1步** 选择目标点"Target_10"，并单击鼠标右键，在弹出的快捷菜单中选择"参数配置"选项

（续）

图　例	步　骤
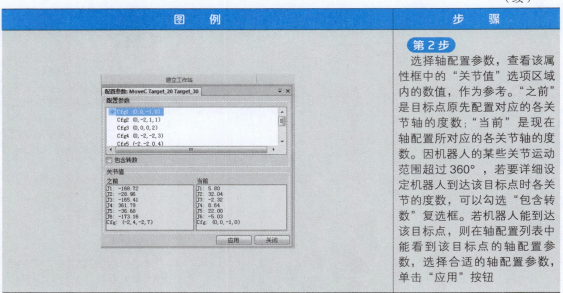	**第2步** 选择轴配置参数，查看该属性框中的"关节值"选项区域内的数值，作为参考。"之前"是目标点原先配置对应的各关节轴的度数；"当前"是现在轴配置所对应的各关节轴的度数。因机器人的某些关节运动范围超过360°，若要详细设定机器人到达该目标点时各关节的度数，可以勾选"包含转数"复选框。若机器人能到达该目标点，则在轴配置列表中能看到该目标点的轴配置参数，选择合适的轴配置参数，单击"应用"按钮

2）配置所有目标点的轴配置参数。配置所有的目标点的轴配置参数，可以在路径属性中完成。右键单击"Path_10"，在弹出的快捷菜单中选择"配置参数"→"自动配置"选项，如图4-4所示。

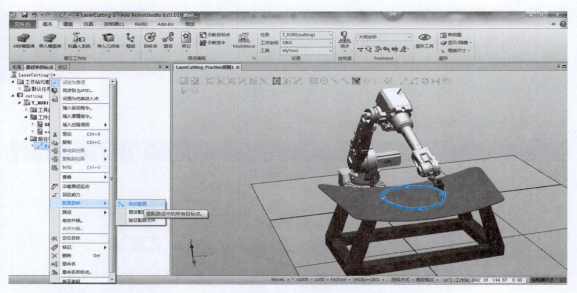

图4-4　在路径属性中配置所有点的轴配置参数

然后让机器人按照运动指令运行，观察机器人的运动。右键单击"Path_10"，在弹出的快捷菜单中选择"沿着路径运动"选项，如图4-5所示。再单击鼠标左键，机器人就沿着路径以轴配置参数设定的姿态运动。

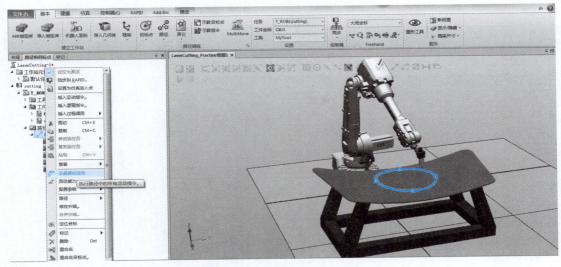

图4-5 机器人沿路径运动设置

三、完善程序及仿真运行

1. 增加起始点和结束点

轨迹完成后，机器人并不能真正地运行，还需要加入其他一些辅助点，如轨迹的起始点、结束点及安全位置点等。

1）增加起始点步骤见表4-6。

表4-6 增加起始点步骤

图 例	步 骤
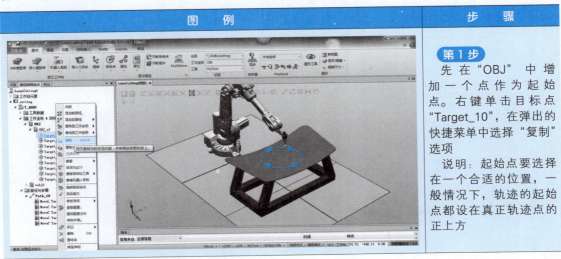	**第1步** 先在"OBJ"中增加一个点作为起始点。右键单击目标点"Target_10"，在弹出的快捷菜单中选择"复制"选项 说明：起始点要选择在一个合适的位置，一般情况下，轨迹的起始点都设在真正轨迹点的正上方

（续）

图　　例	步　　骤
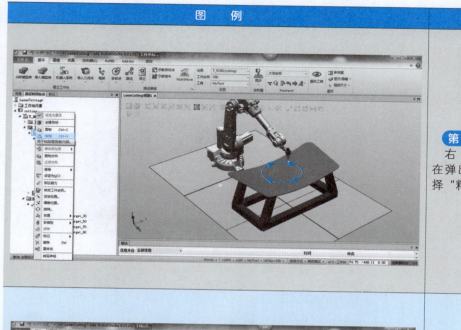	**第2步** 右键单击"OBJ1"，在弹出的快捷菜单中选择"粘贴"选项
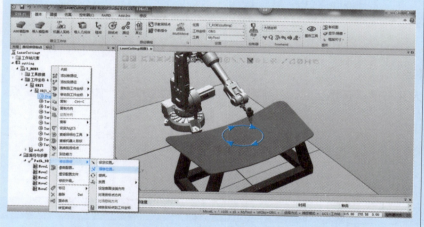	**第3步** 将复制后的点"Target_10_2"重命名为"Start"。选中"Start"并单击鼠标右键，在弹出的快捷菜单中选择"修改目标"→"偏移位置"选项
偏移位置: Start 参考 本地 Translation (mm) 0.00　　0.00　　-100 旋转 (deg) 0.00　　0.00　　0.00 应用　关闭	**第4步** 在弹出的"偏移位置: Start"对话框中，将转换的z值设置为"-100"，单击"应用"按钮

（续）

图　例	步　骤
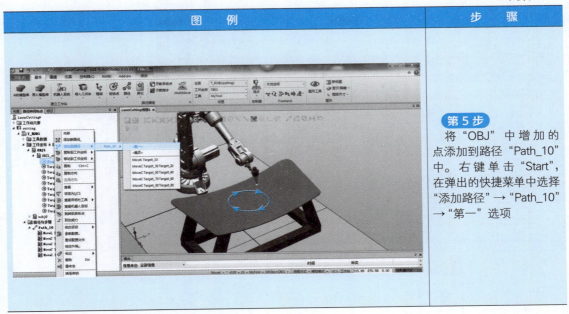	**第5步** 将"OBJ"中增加的点添加到路径"Path_10"中。右键单击"Start"，在弹出的快捷菜单中选择"添加路径"→"Path_10"→"第一"选项

2）添加结束点，方法步骤参考添加起始点。

2. 为机器人设置一个安全位置点Home

将机器人的默认原点作为机器人的安全位置点 Home，其设置步骤见表4-7。

表4-7　安全位置点设置步骤

图　例	步　骤
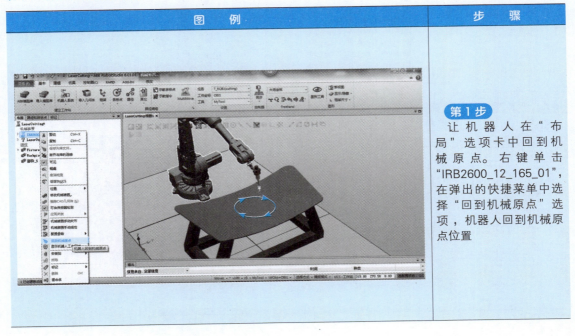	**第1步** 让机器人在"布局"选项卡中回到机械原点。右键单击"IRB2600_12_165_01"，在弹出的快捷菜单中选择"回到机械原点"选项，机器人回到机械原点位置

（续）

图　例	步　骤
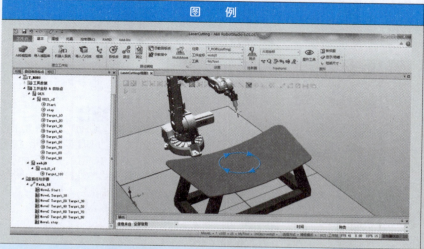	**第2步** 　将工件坐标系设置为"wobj0"，单击"示教目标点"，生成"Target_110"点
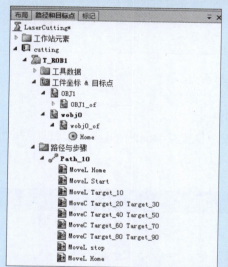	**第3步** 　将"Target_110"重命名为"Home"，并将其添加到"Path_10"的"第一"和"最后"，即运动的起始点和结束点都在"Home"点
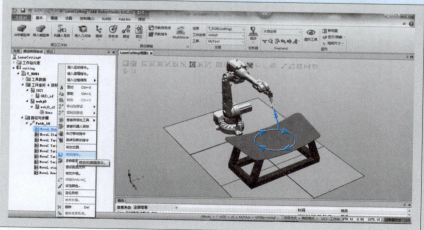	**第4步** 　修改"Home"点、轨迹起始点"Start"和轨迹结束点"Stop"的运动指令，包括运动类型、速度和转弯半径等参数。右键单击"MoveL Home"，在弹出的快捷菜单中选择"修改指令"选项

（续）

图　例	步　骤
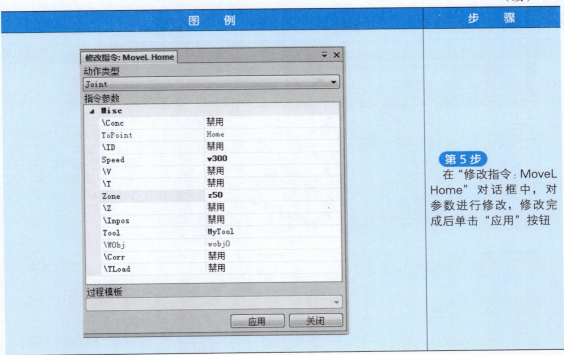	**第5步** 在"修改指令：MoveL Home"对话框中，对参数进行修改，修改完成后单击"应用"按钮

参考以上方法和步骤修改轨迹起始点"Start"和轨迹结束点"Stop"的运动指令。指令参考如下设定：

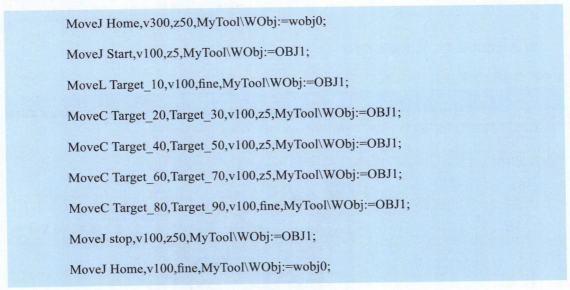

MoveJ Home,v300,z50,MyTool\WObj:=wobj0;

MoveJ Start,v100,z5,MyTool\WObj:=OBJ1;

MoveL Target_10,v100,fine,MyTool\WObj:=OBJ1;

MoveC Target_20,Target_30,v100,z5,MyTool\WObj:=OBJ1;

MoveC Target_40,Target_50,v100,z5,MyTool\WObj:=OBJ1;

MoveC Target_60,Target_70,v100,z5,MyTool\WObj:=OBJ1;

MoveC Target_80,Target_90,v100,fine,MyTool\WObj:=OBJ1;

MoveJ stop,v100,z50,MyTool\WObj:=OBJ1;

MoveJ Home,v100,fine,MyTool\WObj:=wobj0;

修改完成后，再次为"Path_10"进行一次轴配置自动调整，路径即能正常运行。

3. 将路径"Path_10"同步到VC转换成RAPID代码,其步骤见表4-8

表4-8 将路径"Path_10"同步到 VC 转换成 RAPID 代码的步骤

图　例	步　骤
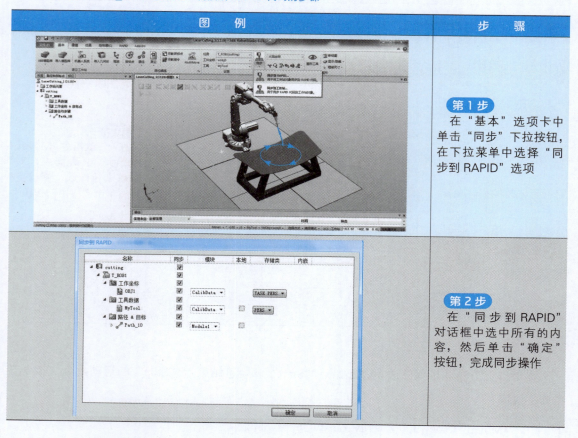	**第1步** 在"基本"选项卡中单击"同步"下拉按钮,在下拉菜单中选择"同步到 RAPID"选项 **第2步** 在"同步到 RAPID"对话框中选中所有的内容,然后单击"确定"按钮,完成同步操作

4. 进行仿真设定,其步骤见表4-9

表4-9 仿真设定步骤

图　例	步　骤
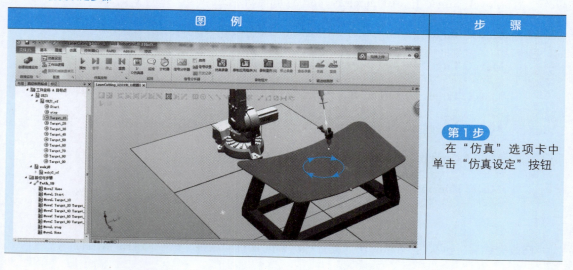	**第1步** 在"仿真"选项卡中单击"仿真设定"按钮

（续）

图　例	步　骤
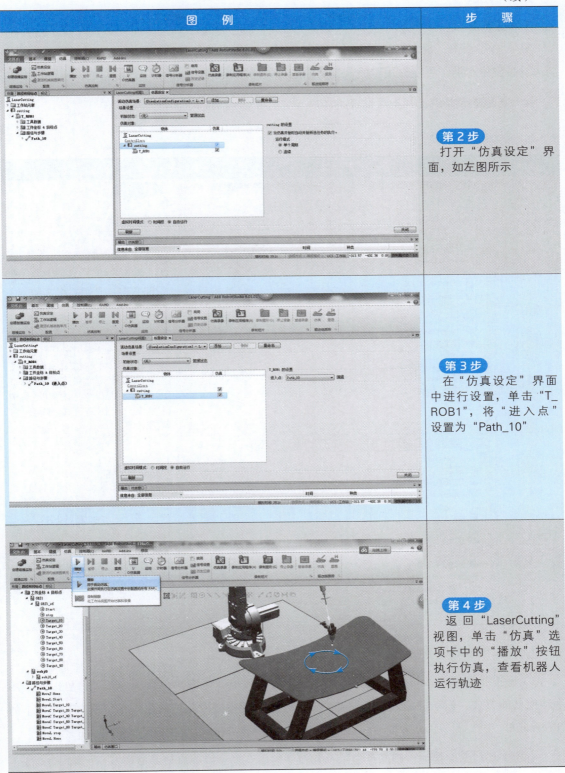	**第2步** 打开"仿真设定"界面，如左图所示
	第3步 在"仿真设定"界面中进行设置，单击"T_ROB1"，将"进入点"设置为"Path_10"
	第4步 返回"LaserCutting"视图，单击"仿真"选项卡中的"播放"按钮执行仿真，查看机器人运行轨迹

【项目拓展】

1.碰撞检查

在仿真过程中，规划好机器人的运动轨迹后，还需要验证当前工业机器人的轨迹是否会与周边设备发生干涉，可以使用碰撞监控功能进行检测。

1）创建碰撞监控，其步骤见表 4-10。

表 4-10　创建碰撞监控步骤

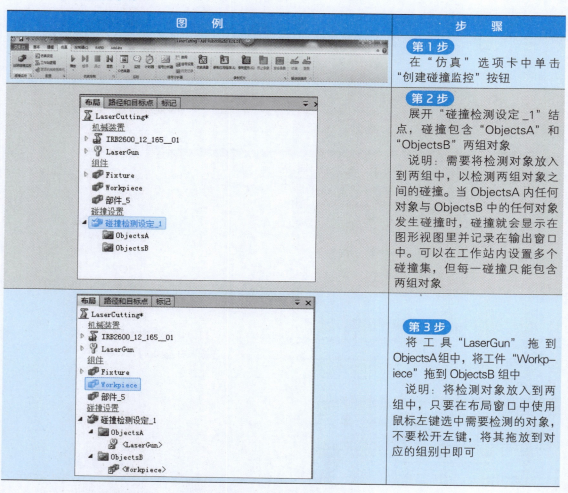

图 例	步 骤
	第1步 在"仿真"选项卡中单击"创建碰撞监控"按钮
	第2步 展开"碰撞检测设定_1"结点，碰撞包含"ObjectsA"和"ObjectsB"两组对象 说明：需要将检测对象放入到两组中，以检测两组对象之间的碰撞。当 ObjectsA 内任何对象与 ObjectsB 中的任何对象发生碰撞时，碰撞就会显示在图形视图里并记录在输出窗口中。可以在工作站内设置多个碰撞集，但每一碰撞只能包含两组对象
	第3步 将工具"LaserGun"拖到 ObjectsA 组中，将工件"Workpiece"拖到 ObjectsB 组中 说明：将检测对象放入到两组中，只要在布局窗口中使用鼠标左键选中需要检测的对象，不要松开左键，将其拖放到对应的组别中即可

2）设定碰撞监控属性，其设定步骤见表 4-11。

3）碰撞检测显示。可以先暂时不设定接近丢失数值，碰撞颜色默认为红色，可以先利用手动拖动的方式，拖动机器人工具与工件发生碰撞，观察碰撞监控效果。在"基本"选项卡的"Freehand"中选择"手动线性"，单击工具末端，出现框架时可线性拖动，如图 4-6 所示。

拖动工具与工件接触，则颜色显示，并在"输出"列表框中显示碰撞信息，如图 4-7 所示。

4）设定接近丢失。在本项目中，机器人 TCP 的位置相对于工具的实体尖端，是沿 z 轴正方向偏移了 5mm，在"接近丢失"中设定 6mm，在执行整体轨迹过程中，可监控机器人工具与工件之间的距离是否过远，若过远则不显示接近丢失颜色。如图 4-8 所示，单击"应用"按钮完成设置。

表 4-11　碰撞监控属性设定步骤

图　例	步　骤
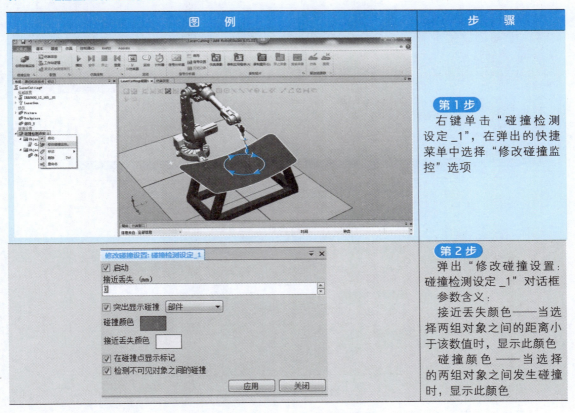	第 1 步 右键单击"碰撞检测设定 _1"，在弹出的快捷菜单中选择"修改碰撞监控"选项 第 2 步 弹出"修改碰撞设置：碰撞检测设定 _1"对话框 参数含义： 接近丢失颜色——当选择两组对象之间的距离小于该数值时，显示此颜色 碰撞颜色——当选择的两组对象之间发生碰撞时，显示此颜色

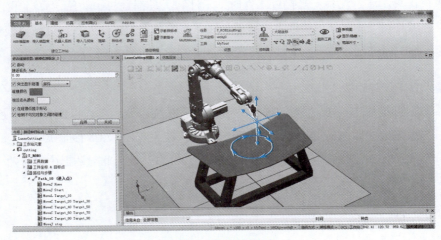

图4-6　手动拖动方式

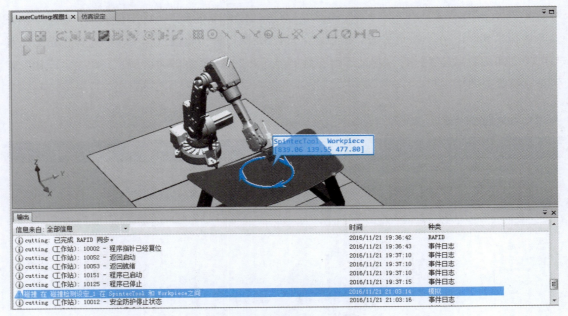

图4-7　碰撞信息

图4-8　设定接近丢失

最后执行仿真。注意观察：当接近工件时，工件和工具都是初始颜色，而当开始执行加工工件表面时，工具和工件则显示接近丢失颜色。显示此颜色表明机器人在运行该轨迹的过程中，工具既未与工件距离过远，又未与工件发生碰撞。

2. 机器人TCP跟踪功能

在机器人运行过程中，可以监控 TCP 的运动轨迹以及运动速度，以便分析时使用。关闭碰撞监控，右键单击"碰撞检测设定_1"，在弹出的快捷菜单中取消勾选"启动"复选框。单击"仿真"选项卡中的"监控"按钮，打开"仿真监控"对话框，此对话框中包含两个选项卡：TCP 跟踪（图 4-9a）和警告（图 4-9b）。

"TCP 跟踪"选项卡参数说明见表 4-12。

"警告"选项卡参数说明见表 4-13。

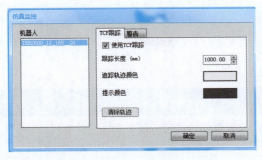
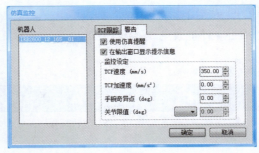

a）   b）

图4-9 机器人TCP跟踪选项

a）"TCP 跟踪"选项卡 b）"警告"选项卡

表 4-12 "TCP 跟踪"选项卡参数说明

参 数	说 明
使用 TCP 跟踪	对选定的机器人的 TCP 路径使用跟踪
跟踪长度	指定最大轨迹长度
追踪轨迹颜色	当未启用任何警告时，显示跟踪颜色。要更改提示颜色，可单击彩色框
提示颜色	当"警告"选项卡上所定义的任何警告超过临界值时，显示跟踪的颜色。要更改颜色，可单击彩色框
清除轨迹	单击此按钮可从图形窗口中删除当前跟踪

表 4-13 "警告"选项卡参数说明

参 数	说 明
使用仿真提醒	对机器人启动仿真
在输出窗口显示提示信息	在机器人超过临界值时，在输出窗口中能查看警告信息，如果未启动 TCP 跟踪，则只显示警报
TCP 速度	指定 TCP 速度报警的临界值
TCP 加速度	指定 TCP 加速度报警的临界值
手腕奇异点	指定在发出警报之前，关节与零点旋转的接近程度
关节限值	指定在发出警报之前，每个关节与其极限值的接近程度

本项目做的监控操作为：记录机器人的运动轨迹，在"TCP 跟踪"选项卡中设置跟踪长度和轨迹颜色，为了保证记录长度，可将跟踪长度设定值取大一些，设定轨迹的颜色为黄色，如图 4-9a 所示；在"警告"选项卡中，设置"TCP 速度"为"350"，并勾选"使用仿真提醒"和"在输出窗口显示提示信息"两个复选框，如图 4-9b 所示。

设置完成后进行仿真播放，监控机器人运行速度是否超出设定范围，机器人运行完成后可根据记录进行轨迹分析。若要清除轨迹，可在"仿真监控"对话框中单击"清除轨迹"按钮。

【项目评价】

项目 4 评价表见表 4-14。

表 4-14　项目 4 评价表

序号	任务	考核要点	配分	评分标准	得分	备注
1	创建机器人离线轨迹曲线及路径	正确解压工作站	1	设置参数的设定值错 1 个扣 1 分，扣完为止		
		创建工件坐标系	7	1. 正确设置参数 4 分，设定参数错误 1 个扣 1 分，扣完为止 2. 熟练操作得 3 分		
		生成激光切割路径	22	独立完成得 22 分，在指导下完成得 18 分，未完成得 0 分		
2	机器人目标点调整及轴参数的设置	目标点调整	20	独立完成得 20 分，在指导下完成得 16 分，未完成得 0 分		
		轴参数设置	5	独立完成得 5 分，在指导下完成得 3 分，未完成得 0 分		
3	完善程序及仿真运行	增加起始点	5	独立完成得 5 分，在指导下完成得 3 分，未完成得 0 分		
		增加结束点	5	独立完成得 5 分，在指导下完成得 3 分，未完成得 0 分		
		设置安全点	5	独立完成得 5 分，在指导下完成得 3 分，未完成得 0 分		
		路径 "Path-10" 同步到 VC 转换成 RAPID 代码	5	独立完成得 5 分，在指导下完成得 3 分，未完成得 0 分		
4	仿真	仿真运行	5	独立完成得 5 分，在指导下完成得 3 分，未完成得 0 分		
5	碰撞检查	进行碰撞检查	5	独立完成得 5 分，在指导下完成得 3 分，未完成得 0 分		
6	TCP 跟踪功能	设置 TCP 跟踪功能	5	独立完成得 5 分，在指导下完成得 3 分，未完成得 0 分		
7	安全操作	符合上机实训操作要求	10	违反操作要求 1 次扣 2 分，扣完为止		
总分						

【思考与练习】

1. 离线轨迹编程的关键点是什么？

2. 怎样更改轨迹的起始点，结束点及安全位置点？

3. 为什么要进行目标点的调整？

4. 以本工作站的工件外轮廓为加工轨迹，完成整个编程和仿真过程。

【机器人小讲堂】

中国机器人之父——蒋新松

　　蒋新松（1931—1997）是中国机器人事业的奠基人与开拓者（图4-10），在我国水下机器人的研制史上留下了一页页辉煌的篇章，"海人一号""探索者号"和"CR-01"的研制把我国的水下机器人研究推向世界最高水平，让我国跻身于世界机器人研究强国之列。"生命总是有限的，但让有限的生命迸发出更大的光和热，让生命更有意义，这是我的夙愿"。这是蒋新松的心声，也是他的真实写照。

图4-10　中国机器人之父——蒋新松

项目5
PROJECT 5

工业机器人工作站的构建及轨迹仿真

【学习目标】

知识目标：

1. 掌握工业机器人工作站的布局方法。

2. 掌握加载工业机器人工作站的方法。

3. 掌握创建工业机器人工件坐标系的方法。

4. 掌握模拟仿真工业机器人的运动轨迹的方法。

能力目标：

1. 能够创建模拟焊接轨迹的工业机器人的仿真工作站。

2. 能够完成工业机器人的模拟仿真。

3. 能够录制和制作工业机器人的仿真运动视频。

【项目背景】

通过构建与实际工作站相同的虚拟工作站，并在虚拟工作站中进行离线编程、仿真程序运行，可验证工业机器人的动作轨迹的正确性，为工程的实施提供真实的依据，提高生产效率；通过对机器人在运动过程中是否可能与周边设备发生碰撞进行验证与确认，可以确保机器人程序的准确性。本项目通过构建较简单的模拟焊接轨迹仿真工作站来介绍虚拟仿真工作站的构建方法。

【项目描述】

本项目要完成模拟焊接工作站的构建及仿真运行。具体任务如下：

1）建立如图 5-1 所示的焊接轨迹模拟仿真工作站。

2）建立工业机器人系统并进行仿真。

3）创建工业机器人的工件坐标并编制轨迹程序。

4）仿真运行工业机器人运动的轨迹并录制视频。

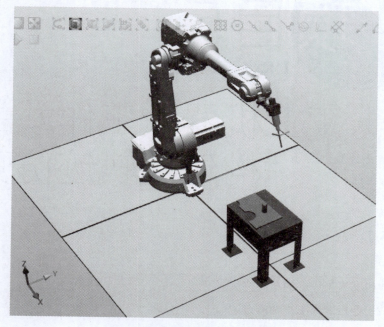

图5-1 焊接轨迹模拟仿真工作站

【项目实施】

一、工业机器人工作站的构建

1）建立工作站要先导入机器人模型，步骤见表5-1。

表 5-1 导入机器人模型步骤

图 例	步 骤
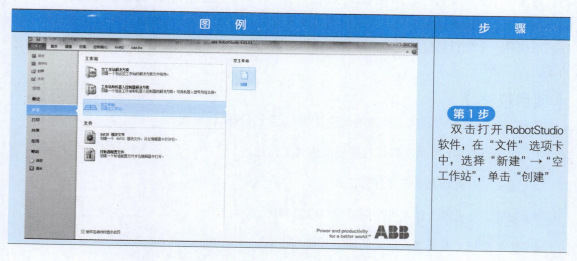	**第1步** 双击打开 RobotStudio 软件，在"文件"选项卡中，选择"新建"→"空工作站"，单击"创建"

（续）

图　例	步　骤
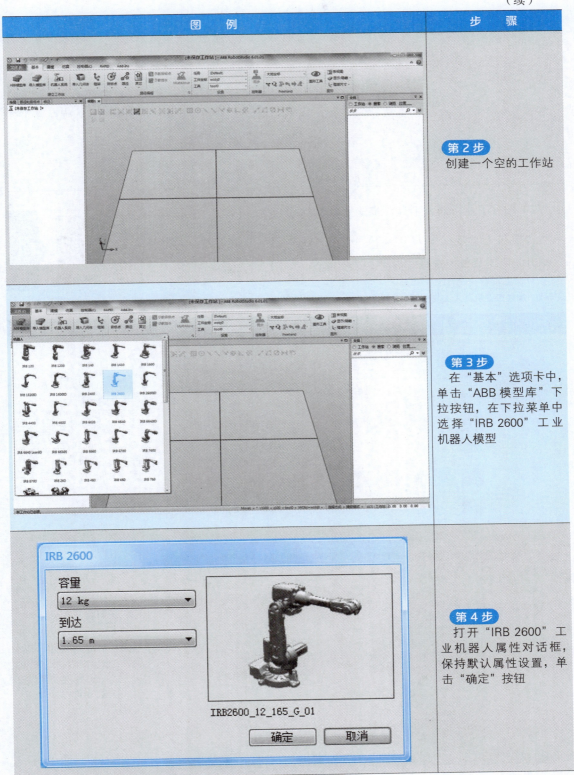	**第2步** 创建一个空的工作站 **第3步** 　在"基本"选项卡中，单击"ABB 模型库"下拉按钮，在下拉菜单中选择"IRB 2600"工业机器人模型 **第4步** 　打开"IRB 2600"工业机器人属性对话框，保持默认属性设置，单击"确定"按钮

（续）

图　例	步　骤
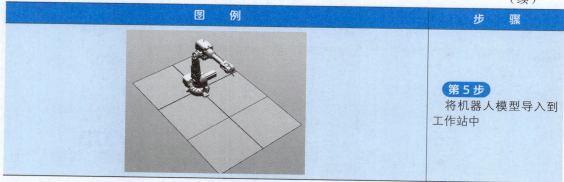	**第5步** 将机器人模型导入到工作站中

2）加载工业机器人工具，步骤见表5-2。

若要将工具从机器人上拆下，可在"MyTool"上单击鼠标右键，在弹出的快捷菜单中选择"拆除"选项即可，如图5-2所示。

表5-2　加载工业机器人工具步骤

图　例	步　骤
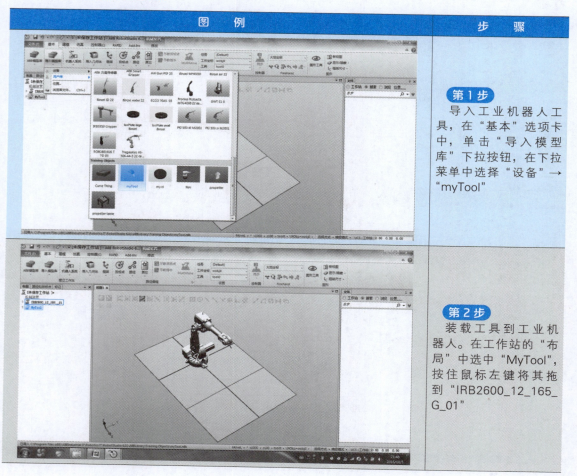	**第1步** 导入工业机器人工具，在"基本"选项卡中，单击"导入模型库"下拉按钮，在下拉菜单中选择"设备"→"myTool"
	第2步 装载工具到工业机器人。在工作站的"布局"中选中"MyTool"，按住鼠标左键将其拖到"IRB2600_12_165_G_01"

（续）

图　　例	步　　骤
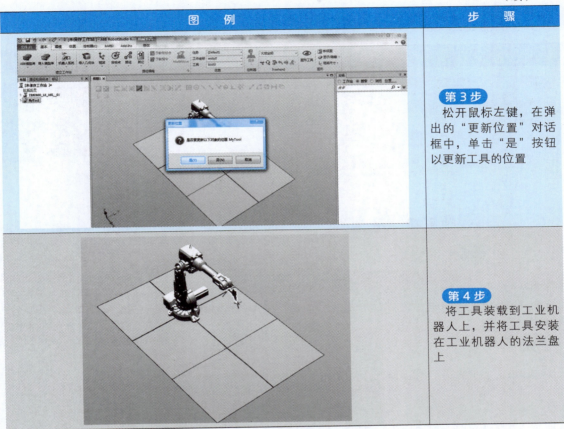	**第3步** 松开鼠标左键，在弹出的"更新位置"对话框中，单击"是"按钮以更新工具的位置
	第4步 将工具装载到工业机器人上，并将工具安装在工业机器人的法兰盘上

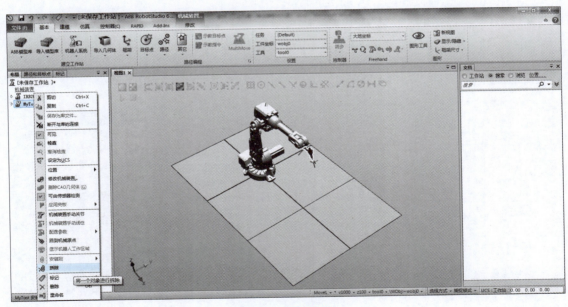

图5-2　工具的拆除

3）工作台的装载，步骤见表5-3。

表5-3 工作台装载步骤

图 例	步 骤

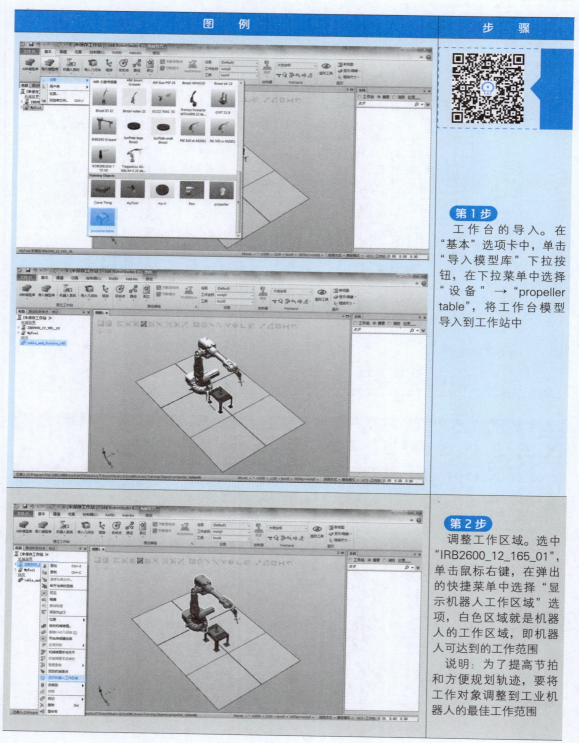

第1步

工作台的导入。在"基本"选项卡中，单击"导入模型库"下拉按钮，在下拉菜单中选择"设备"→"propeller table"，将工作台模型导入到工作站中

第2步

调整工作区域。选中"IRB2600_12_165_01"，单击鼠标右键，在弹出的快捷菜单中选择"显示机器人工作区域"选项，白色区域就是机器人的工作区域，即机器人可达到的工作范围

说明：为了提高节拍和方便规划轨迹，要将工作对象调整到工业机器人的最佳工作范围

（续）

图　例	步　骤
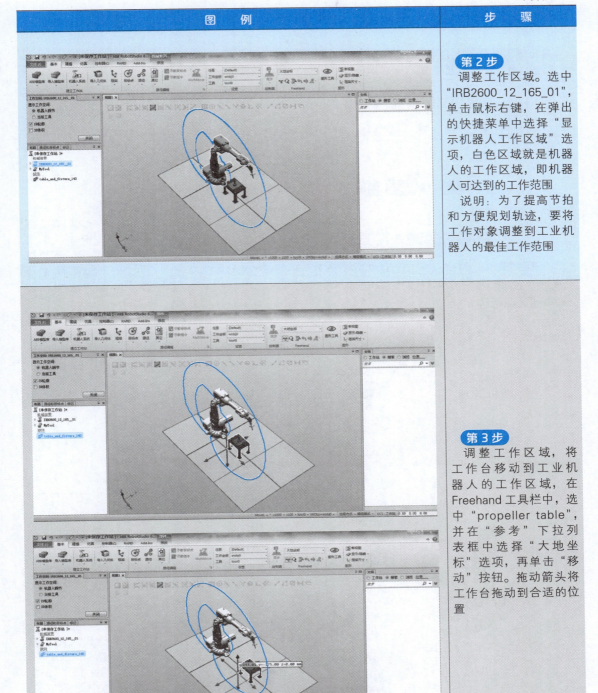	**第2步** 调整工作区域。选中"IRB2600_12_165_01"，单击鼠标右键，在弹出的快捷菜单中选择"显示机器人工作区域"选项，白色区域就是机器人的工作区域，即机器人可达到的工作范围 说明：为了提高节拍和方便规划轨迹，要将工作对象调整到工业机器人的最佳工作范围 **第3步** 调整工作区域，将工作台移动到工业机器人的工作区域，在Freehand工具栏中，选中"propeller table"，并在"参考"下拉列表框中选择"大地坐标"选项，再单击"移动"按钮。拖动箭头将工作台拖动到合适的位置

（续）

图　例	步　骤
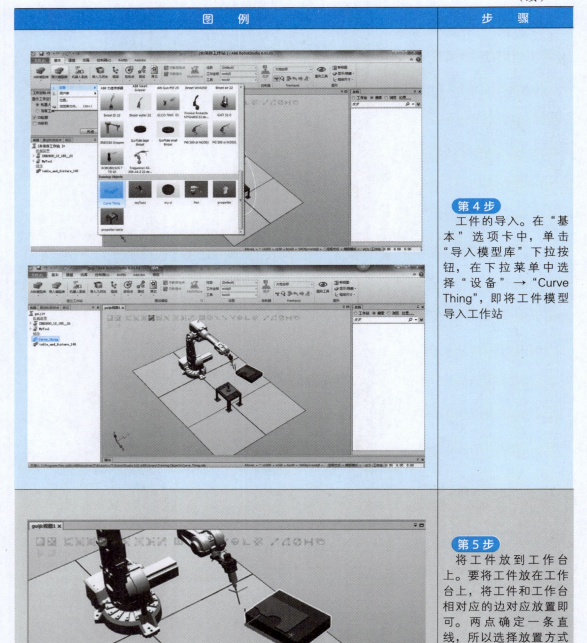	**第 4 步** 工件的导入。在"基本"选项卡中，单击"导入模型库"下拉按钮，在下拉菜单中选择"设备"→"Curve Thing"，即将工件模型导入工作站 **第 5 步** 将工件放到工作台上。要将工件放在工作台上，将工件和工作台相对应的边对应放置即可。两点确定一条直线，所以选择放置方式为两点，选中工件，单击鼠标右键，在弹出的快捷菜单中选择"位置"→"放置"→"两点"选项

（续）

图　例	步　骤
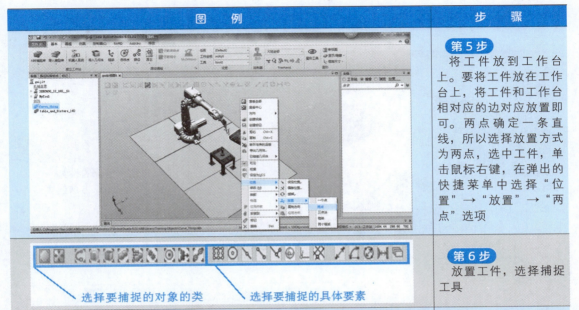	**第 5 步** 将工件放到工作台上。要将工件放在工作台上，将工件和工作台相对应的边对应放置即可。两点确定一条直线，所以选择放置方式为两点，选中工件，单击鼠标右键，在弹出的快捷菜单中选择"位置"→"放置"→"两点"选项
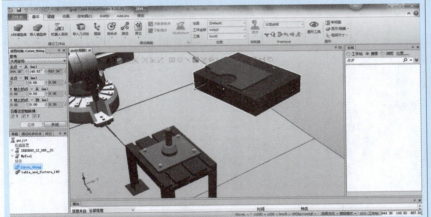 选择要捕捉的对象的类　　　选择要捕捉的具体要素	**第 6 步** 放置工件，选择捕捉工具
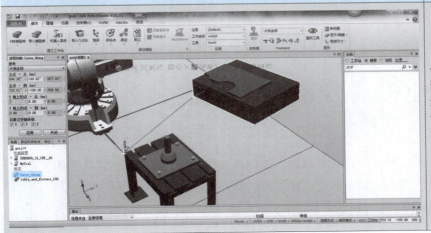	**第 7 步** 捕捉"主点－从"这个点，单击"主点－从"的第一个坐标框，选中捕捉工具的"选择部件"和"捕捉末端"，选择工件上白色线段的一个端点作为"主点－从"的坐标点，坐标值自动显示在坐标框中
	第 8 步 捕捉"主点－到"这个点，再单击"主点－到"的第一个坐标框，选中捕捉工具的"选择部件"和"捕捉末端"，选择工作台上白色线段的一个端点作为"主点－到"的坐标点，坐标值自动显示在坐标框中

（续）

图　　例	步　　骤
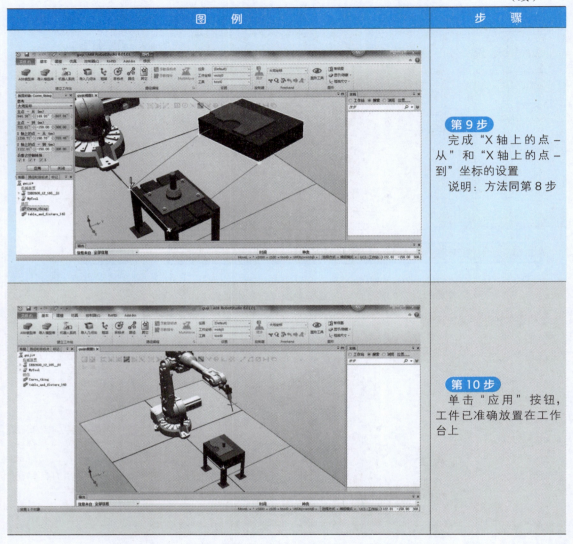	**第9步** 完成"X 轴上的点－从"和"X 轴上的点－到"坐标的设置 说明：方法同第8步
	第10步 单击"应用"按钮，工件已准确放置在工作台上

二、工业机器人系统的构建

　　工作站的布局完成后，还要进行工业机器人的仿真操作，所以要为工业机器人加载系统，建立虚拟示教器，使工业机器人具有电气特性，能完成相关的仿真操作。工业机器人系统的构建步骤见表5-4。

表 5-4　工业机器人系统构建步骤

图　例	步　骤
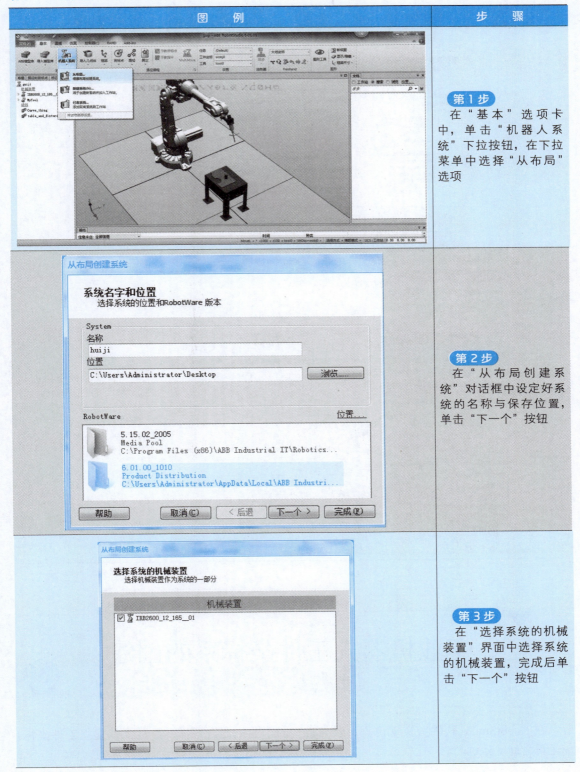	**第1步** 在"基本"选项卡中，单击"机器人系统"下拉按钮，在下拉菜单中选择"从布局"选项
	第2步 在"从布局创建系统"对话框中设定好系统的名称与保存位置，单击"下一个"按钮
	第3步 在"选择系统的机械装置"界面中选择系统的机械装置，完成后单击"下一个"按钮

（续）

图　例	步　骤
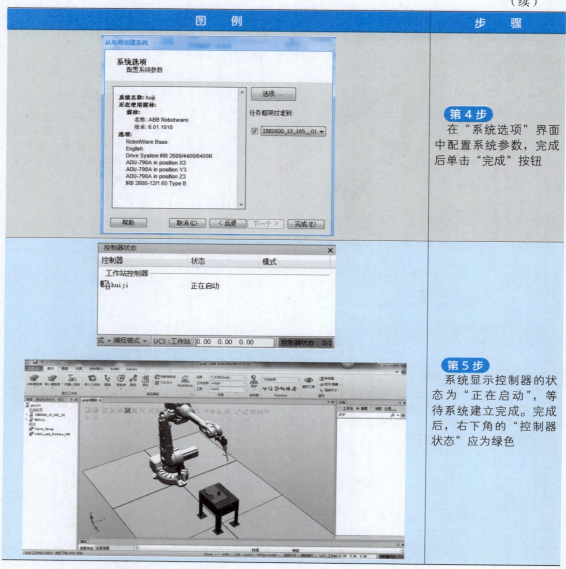	**第4步** 在"系统选项"界面中配置系统参数，完成后单击"完成"按钮
	第5步 系统显示控制器的状态为"正在启动"，等待系统建立完成。完成后，右下角的"控制器状态"应为绿色

三、工业机器人工件坐标系的创建

在 RobotStudio 软件中实现仿真，要与真实的工业机器人一样，需对工件建立工件坐标，创建步骤见表5-5。

表 5-5　工业机器人工件坐标系的创建步骤

图　例	步　骤
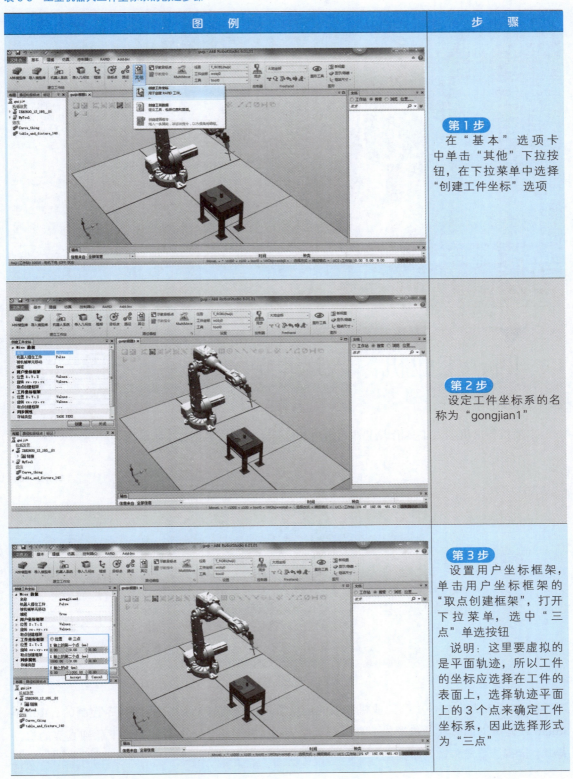	**第1步** 在"基本"选项卡中单击"其他"下拉按钮，在下拉菜单中选择"创建工件坐标"选项
	第2步 设定工件坐标系的名称为"gongjian1"
	第3步 设置用户坐标框架，单击用户坐标框架的"取点创建框架"，打开下拉菜单，选中"三点"单选按钮 说明：这里要虚拟的是平面轨迹，所以工件的坐标应选择在工件的表面上，选择轨迹平面上的3个点来确定工件坐标系，因此选择形式为"三点"

（续）

图 例	步 骤
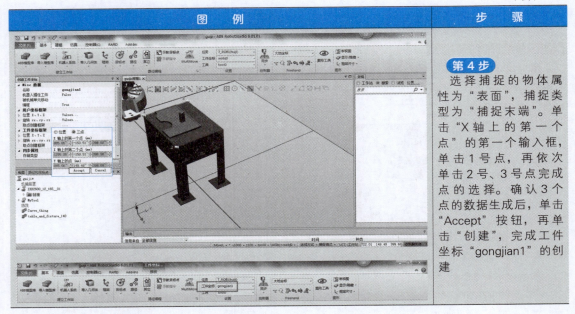	**第4步** 选择捕捉的物体属性为"表面"，捕捉类型为"捕捉末端"。单击"X轴上的第一个点"的第一个输入框，单击1号点，再依次单击2号点、3号点完成点的选择。确认3个点的数据生成后，单击"Accept"按钮，再单击"创建"，完成工件坐标"gongjian1"的创建

四、工业机器人运动轨迹程序的创建

本项目要求机器人工具沿着工件的四边外框行走一周，如图5-3所示。

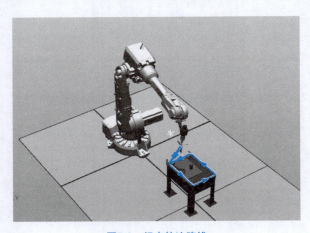

图5-3 行走轨迹路线

在 RobotStudio 软件中，工业机器人的运动轨迹也是通过 RAPID 程序指令控制的，RobotStudio 软件可以同真实的机器人一样进行程序编制，并可将生成的轨迹程序下载到真实的机器人中去运行。生成轨迹的步骤见表5-6。

表 5-6 编制程序生成轨迹的步骤

图 例	步 骤
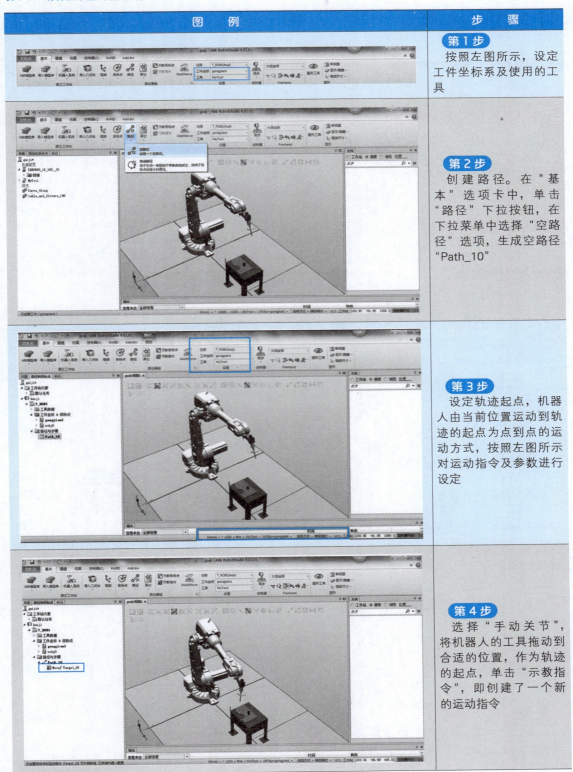	**第1步** 按照左图所示，设定工件坐标系及使用的工具
	第2步 创建路径。在"基本"选项卡中，单击"路径"下拉按钮，在下拉菜单中选择"空路径"选项，生成空路径"Path_10"
	第3步 设定轨迹起点，机器人由当前位置运动到轨迹的起点为点到点的运动方式，按照左图所示对运动指令及参数进行设定
	第4步 选择"手动关节"，将机器人的工具拖动到合适的位置，作为轨迹的起点，单击"示教指令"，即创建了一个新的运动指令

（续）

图　例	步　骤

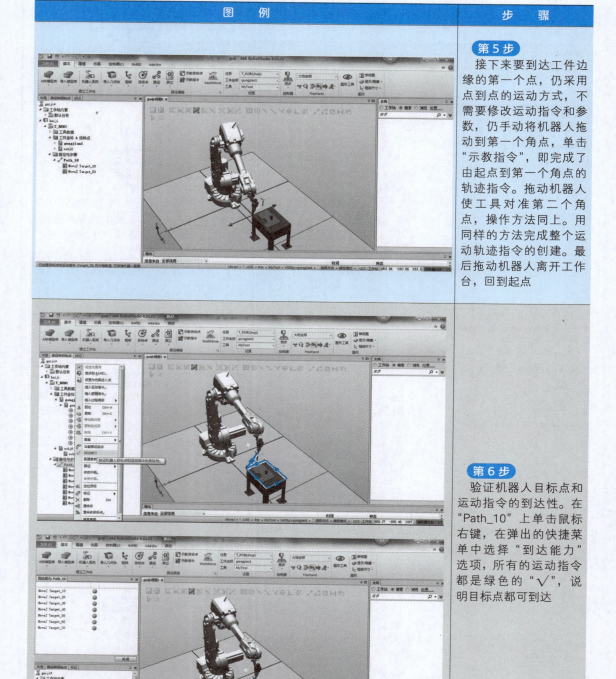

第5步

接下来要到达工件边缘的第一个点，仍采用点到点的运动方式，不需要修改运动指令和参数，仍手动将机器人拖动到第一个角点，单击"示教指令"，即完成了由起点到第一个角点的轨迹指令。拖动机器人使工具对准第二个角点，操作方法同上。用同样的方法完成整个运动轨迹指令的创建。最后拖动机器人离开工作台，回到起点

第6步

验证机器人目标点和运动指令的到达性。在"Path_10"上单击鼠标右键，在弹出的快捷菜单中选择"到达能力"选项，所有的运动指令都是绿色的"√"，说明目标点都可到达

（续）

图　例	步　骤
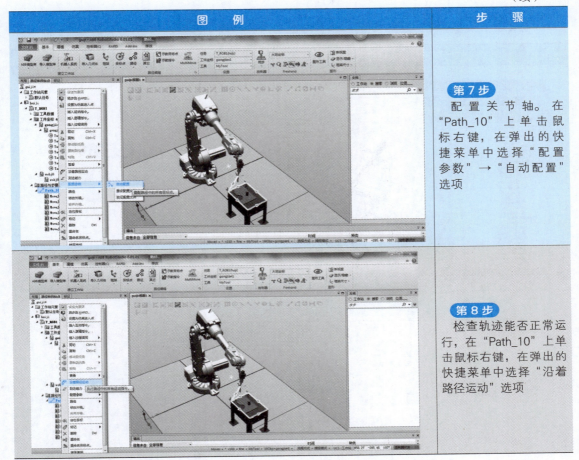	**第7步** 　　配置关节轴。在"Path_10"上单击鼠标右键，在弹出的快捷菜单中选择"配置参数"→"自动配置"选项
	第8步 　　检查轨迹能否正常运行，在"Path_10"上单击鼠标右键，在弹出的快捷菜单中选择"沿着路径运动"选项

五、工业机器人仿真运行及录制视频

1. 机器人仿真运行

在 RobotStudio 软件中，为保证虚拟控制器中的数据与工作站的数据一致，需要将虚拟控制器与工作站的数据进行同步。当工作站中的数据被修改后，则需要"同步到 RAPID"；反之，则需要执行"同步到工作站"。

仿真运行的设置步骤见表 5-7。

2. 录制视频或制作可执行文件

将机器人仿真运动录制成视频，可以在没有安装 RobotStudio 软件的计算机中查看工业机器人的运行。还可以将工作站制作成可执行文件，以便更灵活地查看工作站。

表 5-7 仿真运行的设置步骤

图 例	步 骤
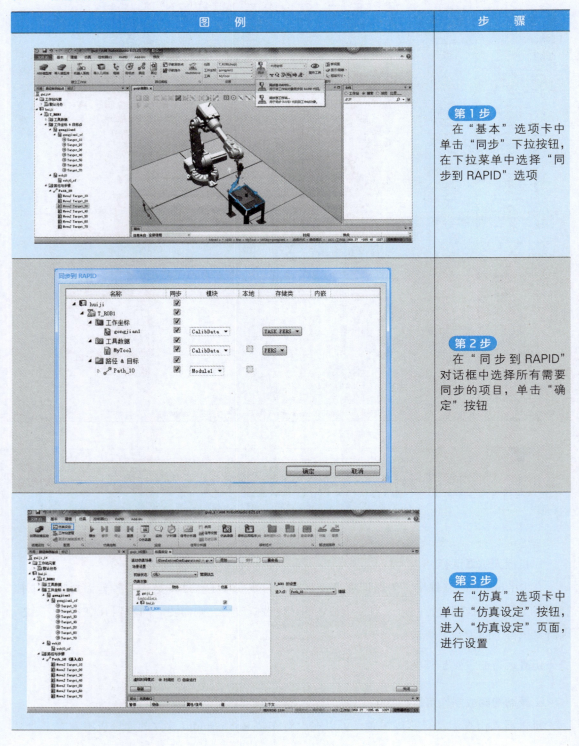	**第1步** 在"基本"选项卡中单击"同步"下拉按钮，在下拉菜单中选择"同步到 RAPID"选项 **第2步** 在"同步到 RAPID"对话框中选择所有需要同步的项目，单击"确定"按钮 **第3步** 在"仿真"选项卡中单击"仿真设定"按钮，进入"仿真设定"页面，进行设置

（续）

图 例	步 骤
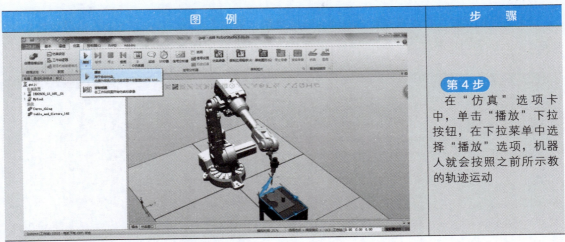	**第4步** 在"仿真"选项卡中，单击"播放"下拉按钮，在下拉菜单中选择"播放"选项，机器人就会按照之前所示教的轨迹运动

（1）录制视频

1）在"文件"选项卡中单击"信息"，在打开的"选项"对话框中单击"屏幕录像机"，对录像的参数进行设定，如图5-4所示，然后单击"确定"按钮，完成录像设置。

图5-4　录像设置

2）在"仿真"选项卡中单击"仿真录像"按钮，单击"播放"下拉按钮，在下拉菜单中选择"播放"选项，开始录像。在"仿真"选项卡中单击"查看录像"按钮。

（2）将工作站制作成可执行文件

1）在"仿真"选项卡中单击"播放"下拉按钮，在下拉菜单中选择"录制视图"选项，如图5-5所示。录制完成后弹出"另存为"对话框，指定保存位置和文件名，然后单击"保存"按钮，如图 5-6 所示。

2）制作的文件可在没有安装 RobotStudio 软件的计算机上打开。双击打开制作的可执行文件，在这个文件的窗口中缩放、平移和转换视角与安装了 RobotStudio 软件的效果一样，如图 5-7 所示。

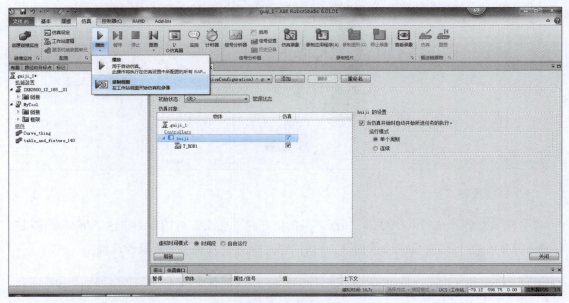

图5-5 选择"录制视图"按钮

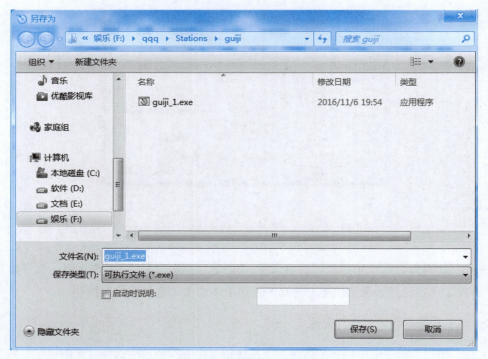

图5-6 保存文件

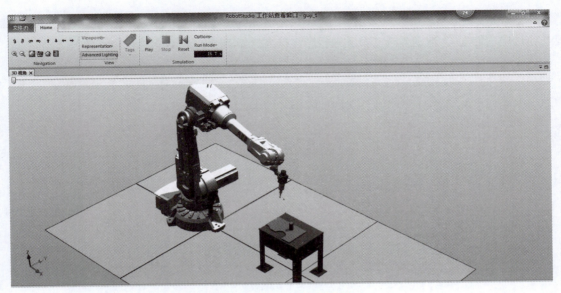

图5-7　可执行文件打开效果

【项目拓展】

　　在构建工业机器人工作站时，机器人法兰盘末端会安装用户自定义的工具，一般希望用户工具能够像 RobotStudio 模型库中的工具一样，安装时能够自动安装到机器人法兰盘末端并保证坐标方向一致，且能在工具末端自动生成工具坐标系，从而避免工具方面的仿真误差。下面介绍将导入的 3D 工具模型创建成有机器人工作站特性的工具。

1. 设定工具的坐标系

　　导入到工作站中的 3D 模型往往是由不同的 3D 绘图软件创建的，并转换成特定的文件格式，有时导入到 RobotStudio 中做图形处理时，某些关键特征无法处理，有些图形特性会缺失，此时可采用变向的方式来做出同样的处理效果。首先新建一个空的工作站，导入工业机器人模型，再导入工具模型，如图 5-8 所示。

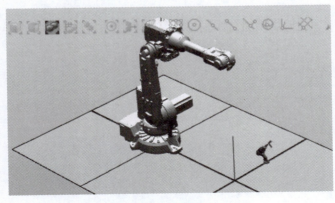

图5-8　工作站

为避免工作站地面特征影响视线及捕捉，需要隐藏地面，单击"文件"选项卡，选择"选项"，选中"外观"，取消勾选"显示地板"复选框，如图5-9所示。

图5-9　隐藏地板

工具安装的原理是工具模型的本地坐标系与机器人法兰盘坐标系Tool0重合，以工具末端的工具坐标系框架作为机器人的工具坐标系，所以需要对此工具模型做两步图形处理。首先，在工具法兰盘端创建本地坐标系框架，然后在工具末端创建工具坐标系框架。至此，自建的工具就有了与系统库里默认的工具同样的属性。

首先，放置工具模型的位置，使法兰盘所在面与大地坐标正交，以便处理坐标系的方向，然后将工具法兰盘圆孔中心作为本地坐标的原点。具体操作步骤见表5-8。

表5-8　设置工具本地坐标系的步骤

图　例	步　骤
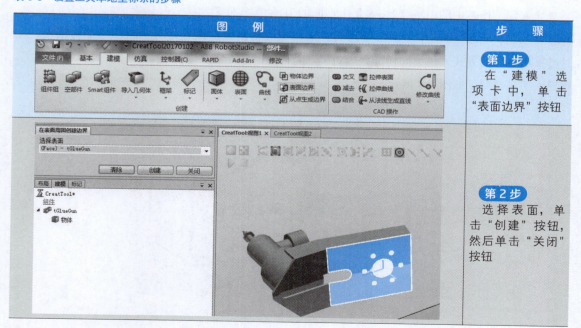	**第1步**　在"建模"选项卡中，单击"表面边界"按钮 **第2步**　选择表面，单击"创建"按钮，然后单击"关闭"按钮

（续）

图　例	步　骤
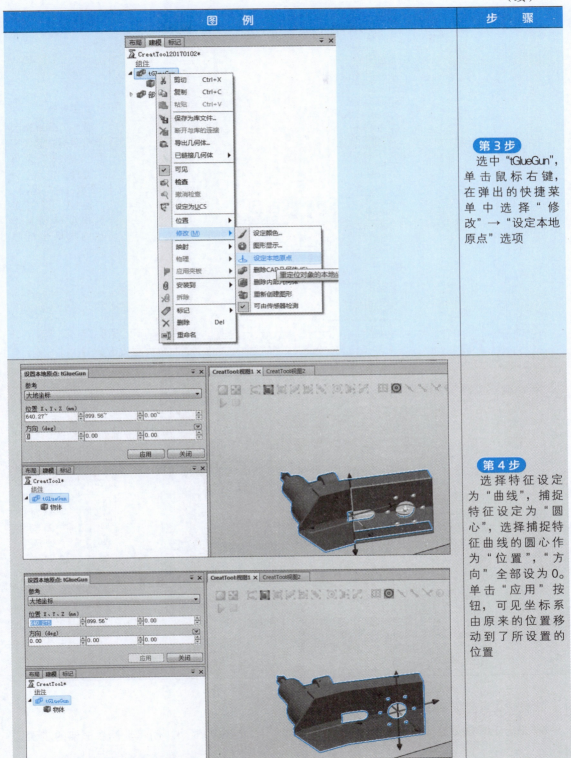	**第3步** 选中"tGlueGun"，单击鼠标右键，在弹出的快捷菜单中选择"修改"→"设定本地原点"选项 **第4步** 选择特征设定为"曲线"，捕捉特征设定为"圆心"，选择捕捉特征曲线的圆心作为"位置"，"方向"全部设为0。单击"应用"按钮，可见坐标系由原来的位置移动到了所设置的位置

（续）

图　例	步　骤

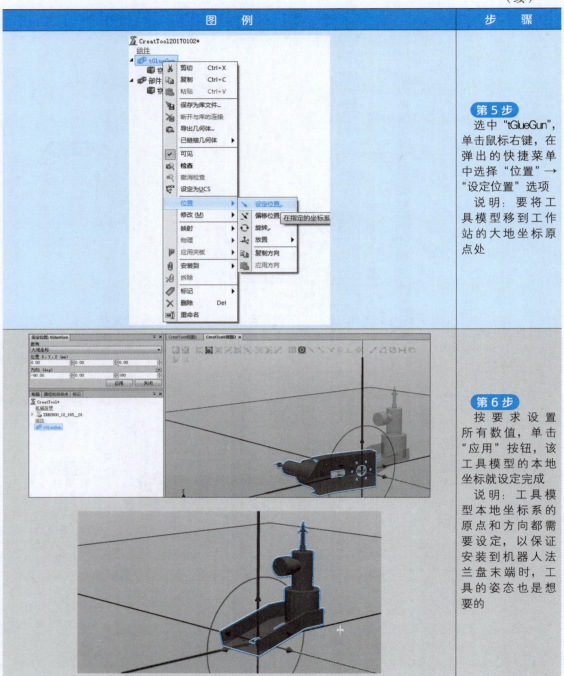

第5步
选中"tGlueGun"，单击鼠标右键，在弹出的快捷菜单中选择"位置"→"设定位置"选项
说明：要将工具模型移到工作站的大地坐标原点处

第6步
按要求设置所有数值，单击"应用"按钮，该工具模型的本地坐标就设定完成
说明：工具模型本地坐标系的原点和方向都需要设定，以保证安装到机器人法兰盘末端时，工具的姿态也是想要的

2. 创建工具坐标系框架

需要为工具模型建立一个坐标系框架，作为工具坐标系的框架。创建坐标系框架的步骤见表5-9。

表 5-9 坐标系框架创建步骤

图　例	步　骤
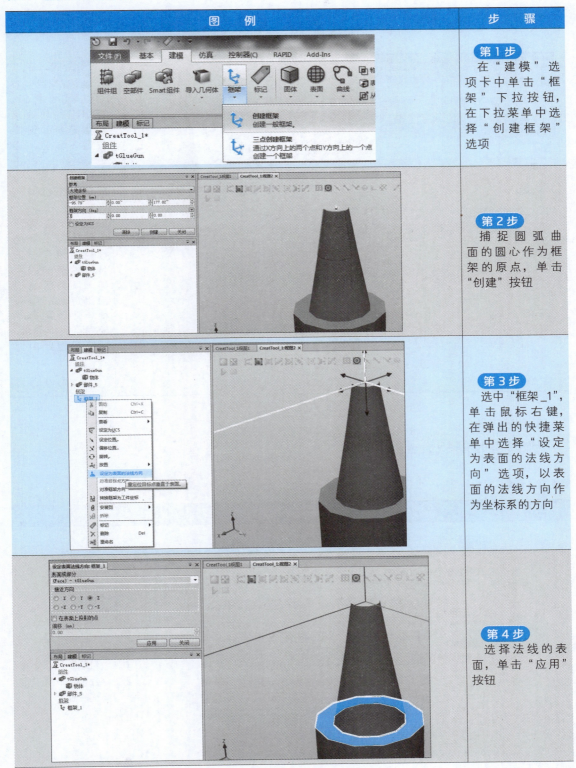	**第1步** 在"建模"选项卡中单击"框架"下拉按钮，在下拉菜单中选择"创建框架"选项
	第2步 捕捉圆弧曲面的圆心作为框架的原点，单击"创建"按钮
	第3步 选中"框架_1"，单击鼠标右键，在弹出的快捷菜单中选择"设定为表面的法线方向"选项，以表面的法线方向作为坐标系的方向
	第4步 选择法线的表面，单击"应用"按钮

（续）

图　例	步　骤
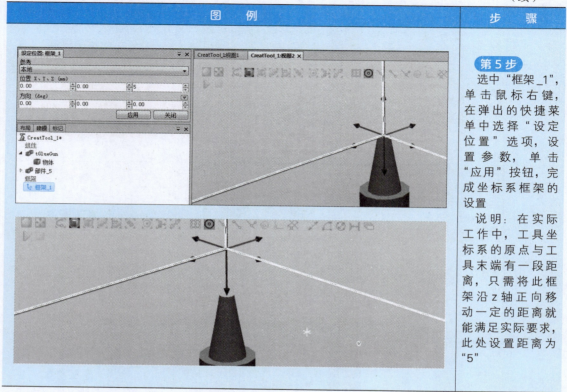	**第5步** 选中"框架_1"，单击鼠标右键，在弹出的快捷菜单中选择"设定位置"选项，设置参数，单击"应用"按钮，完成坐标系框架的设置 说明：在实际工作中，工具坐标系的原点与工具末端有一段距离，只需将此框架沿z轴正向移动一定的距离就能满足实际要求，此处设置距离为"5"

3. 创建工具

创建工具的步骤见表5-10。

表5-10　创建工具步骤

图　例	步　骤
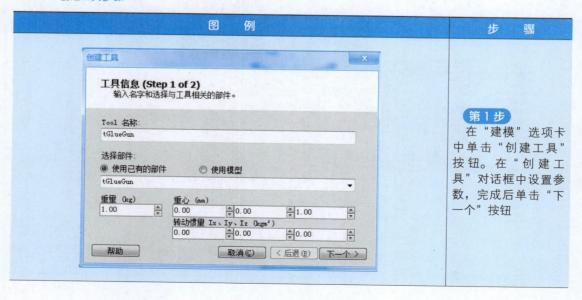	**第1步** 在"建模"选项卡中单击"创建工具"按钮。在"创建工具"对话框中设置参数，完成后单击"下一个"按钮

（续）

图 例	步 骤
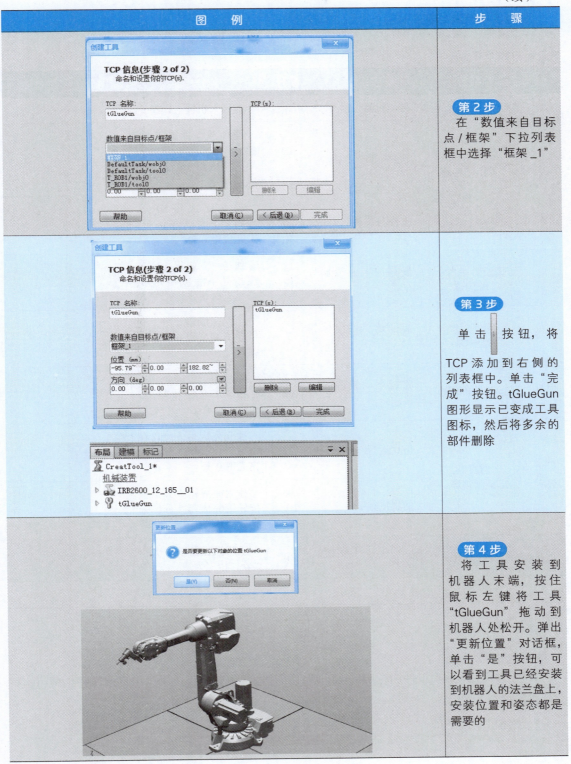	**第 2 步** 在"数值来自目标点 / 框架"下拉列表框中选择"框架 _1"
	第 3 步 单击 按钮，将 TCP 添加到右侧的列表框中。单击"完成"按钮。tGlueGun 图形显示已变成工具图标，然后将多余的部件删除
	第 4 步 将工具安装到机器人末端，按住鼠标左键将工具"tGlueGun"拖动到机器人处松开。弹出"更新位置"对话框，单击"是"按钮，可以看到工具已经安装到机器人的法兰盘上，安装位置和姿态都是需要的

【项目评价】

项目 5 评价表见表 5-11。

表 5-11　项目 5 评价表

序号	任务	考核要点	配分	评分标准	得分	备注
1	工作站构建	导入机器人模型	3	能导入机器人模型		
		加载、拆除工具	7	能加载、拆除工具，独立完成得 7 分，在指导下完成得 4 分，未完成得 0 分		
		工作台装载	20	独立完成得 20 分，在指导下完成得 16 分，未完成得 0 分		
2	工业机器人系统构建	能构建工业机器人系统	10	独立完成得 10 分，在指导下完成得 8 分，未完成得 0 分		
3	创建工件坐标系	能创建工件坐标系	5	独立完成得 5 分，在指导下完成得 3 分，未完成得 0 分		
4	运动轨迹创建	完成运动轨迹的构建	30	独立完成得 30 分，在指导下完成得 24 分，未完成得 0 分		
5	仿真及录制视频	仿真运行	5	独立完成得 5 分，在指导下完成得 3 分，未完成得 0 分		
		录制视频	10	独立完成得 5 分，在指导下完成得 3 分，未完成得 0 分		
6	安全操作	符合上机实训操作要求	10	违反操作要求 1 次扣 2 分，扣完为止		
总分						

【思考与练习】

1. 创建本工作站中工件内轮廓的运动轨迹，并进行仿真运行，录制仿真录像并生成可执行文件进行保存。

2. 创建机器人工具。

【机器人小讲堂】

"大国工匠"李万君：平凡的工匠，非凡的大师

　　李万君，全国优秀共产党员，中车长春轨道客车股份有限公司焊工。他在平凡的岗位上做着不平凡的事，并在中国制造走向中国创造的进程中做出了自己的贡献，成为"感动中国"的"大国工匠"。在李万君看来，工匠精神有两种：一种是创新发明开拓，攻克技术上的难题；另一种是始终如一日，把平凡的工作做到极致。作为中国高铁人的先进代表，在打造中国高铁奇迹的道路上，他正与所有中国高铁人一起坚定前行。

项目6
PROJECT 6

工业机器人输送码垛工作站的构建与仿真

【学习目标】

知识目标：

1. 掌握布局复杂机器人工作站的方法。

2. 掌握使用 Smart 组件创建具有动态效果输送链的方法。

3. 掌握使用 Smart 组件创建具有动态效果夹具的方法。

4. 掌握工作站逻辑设定的方法。

5. 了解 Smart 组件的子组件功能。

能力目标：

1. 能够完成工业机器人输送码垛工作站的构建。

2. 能够完成工业机器人工作站中信号的设定。

3. 能够完成复杂的机器人工作站的程序编辑和调试。

【项目背景】

在实际生产过程中，工业机器人工作站并不是单一的设备构成，各种设备集成为一个自动化控制系统，在虚拟仿真工作站中如实地反映生产实际中的动作过程，就需要设置各种动态效果。本项目通过完成带输送链的较复杂的工业机器人工作站的构建与仿真，介绍工作站的构建及设置各种动态效果的方法，实现虚拟验证与实际生产相结合。

【项目描述】

本项目要求的仿真效果为：产品在输送链末端，随着输送链的运动而运动，并且当产品运动到输送链末端时自动停止。此时机器人通过安装在法兰盘末端的夹具夹取产品，放置在垛盘上。然后机器人回到初始位置等待下一个产品的到来，继续进行抓取并放置在垛盘上。根据上述描述，应完成的任务如下：

1）布局如图 6-1 所示的机器人工作站，选择"IRB 460"工业机器人，并摆放如图 6-1 所示的模型设备，完成工业机器人工作站的构建。

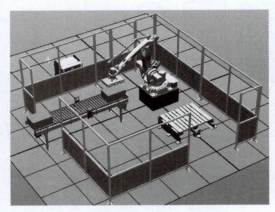

图6-1 带输送链的机器人工作站

2）创建输送链的动态效果，包括源源不断地产生产品源（product_source）的复制品，输送链的动作效果以及产品到达输送链末端能自动停止的效果。

3）创建夹具的动态效果，包括夹具的拾取和放置。

4）信号设置、程序编写及调试。

【项目实施】

一、构建工业机器人工作站

本工作站包括 IRB 460 工业机器人 1 台，垫高机器人用的垫料 1 块，输送链 1 条，门 1 扇，IRC5Cabinet 控制柜 1 个，产品源 product_source 1 个，示教用的产品 1 个，栅栏 8 个，垛盘 1 个以及吸盘 1 个。本工作站中的上述物品如果仿真软件中没有，则需要自行通过 UG、Solidworks 等三维建模软件完成制作并保存成 RobotStudio 能识别的格式。

工业机器人工作站的具体构建步骤见表 6-1。

表 6-1 工业机器人工作站的构建步骤

图　例	步　骤
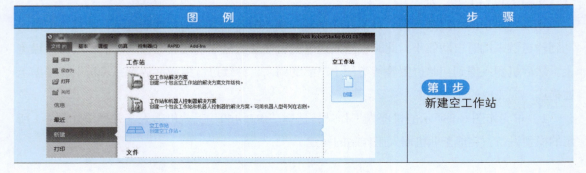	**第 1 步** 新建空工作站

（续）

图　例	步　骤
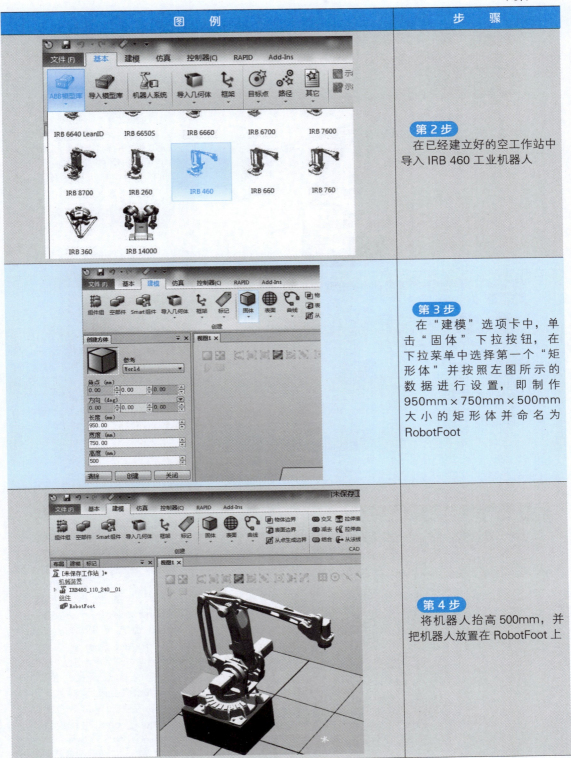	**第2步**　在已经建立好的空工作站中导入 IRB 460 工业机器人 **第3步**　在"建模"选项卡中，单击"固体"下拉按钮，在下拉菜单中选择第一个"矩形体"并按照左图所示的数据进行设置，即制作 950mm×750mm×500mm 大小的矩形体并命名为 RobotFoot **第4步**　将机器人抬高 500mm，并把机器人放置在 RobotFoot 上

（续）

图　例	步　骤
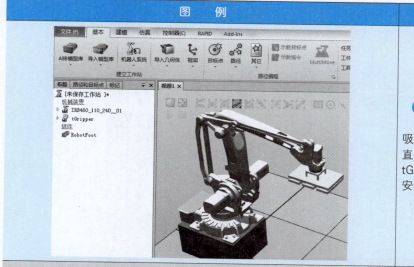	**第 5 步** 使用三维仿真软件画出吸盘，并制作成能被机器人直接使用的工具，命名为 tGripper，导入到工作站中并安装到机器人法兰盘上
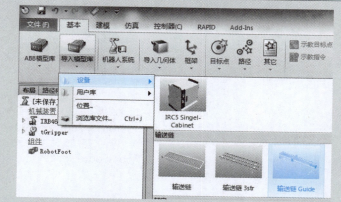	**第 6 步** 在"基本"选项卡下，单击"导入模型库"下拉按钮，在下拉菜单中选择"输送链 Guide"，更改输送链名称为 InFeeder，并将其调整到适当位置
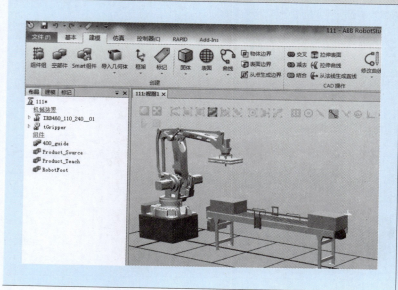	**第 7 步** 在"建模"选项卡中，单击"固体"下拉按钮，在下拉菜单中选择"矩形体"选项，制作两个同样大小的物料，规格是 600mm×400mm×250mm，分别命名为 Product_Teach 和 Product_Source，并且把这两块物料分别放置在输送链的首末两端，同时将 Product_Teach 设置为"不可见"，在布局窗口中右键单击 Product_Teach 进行设置，效果如左图所示

（续）

图　　例	步　　骤
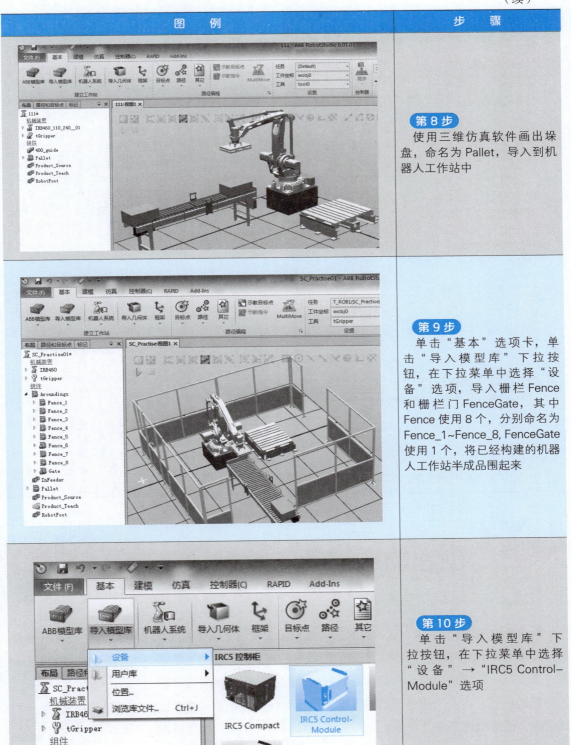	**第8步** 使用三维仿真软件画出垛盘，命名为 Pallet，导入到机器人工作站中
	第9步 单击"基本"选项卡，单击"导入模型库"下拉按钮，在下拉菜单中选择"设备"选项，导入栅栏 Fence和栅栏门 FenceGate，其中Fence 使用8个，分别命名为Fence_1~Fence_8，FenceGate使用1个，将已经构建的机器人工作站半成品围起来
	第10步 单击"导入模型库"下拉按钮，在下拉菜单中选择"设备"→"IRC5 Control–Module"选项

（续）

图　例	步　骤
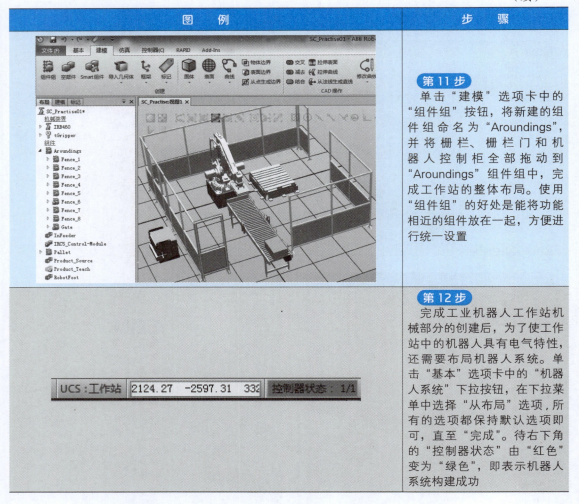	**第11步** 单击"建模"选项卡中的"组件组"按钮，将新建的组件组命名为"Aroundings"，并将栅栏、栅栏门和机器人控制柜全部拖动到"Aroundings"组件组中，完成工作站的整体布局。使用"组件组"的好处是能将功能相近的组件放在一起，方便进行统一设置
	第12步 完成工业机器人工作站机械部分的创建后，为了使工作站中的机器人具有电气特性，还需要布局机器人系统。单击"基本"选项卡中的"机器人系统"下拉按钮，在下拉菜单中选择"从布局"选项，所有的选项都保持默认选项即可，直至"完成"。待右下角的"控制器状态"由"红色"变为"绿色"，即表示机器人系统构建成功

二、创建输送链动态效果

在 RobotStudio 软件中，动态效果的实现对于工作站整体效果的呈现非常重要。Smart 组件是 RobotStudio 中专门针对创建动态效果而设定的功能插件。输送链动态效果包括：输送链末端的产品源不断产生复制品，模拟制成品不断传送到输送链上；产品随着输送链的运动而运动；产品运动到输送链前端时，能被检测到而自动停止运行；产品被机器人抓走后输送链继续运送产品到前端，依次循环。

1. 输送链产品源的设置

Smart 组件的子组件"Source"专门用于"创建一个图形组件的拷贝"，这里即运用这个子组件进行产品源的设置，具体操作步骤见表 6-2。

表 6-2　输送链产品源的设置步骤

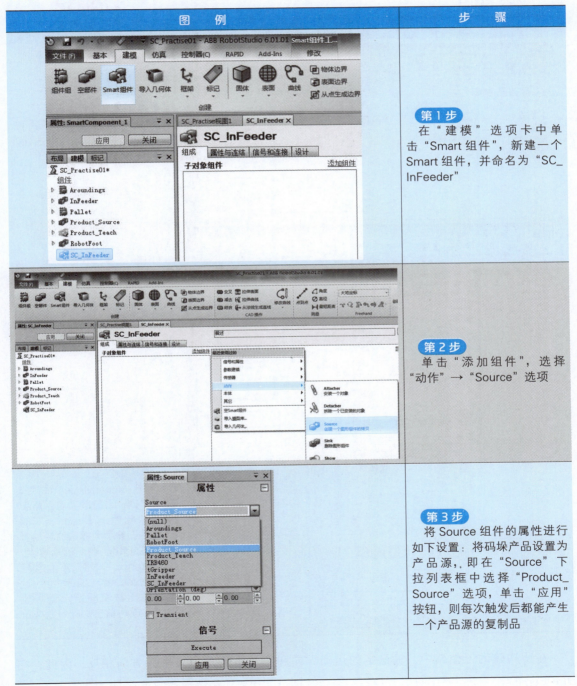

图　例	步　骤
	第1步　在"建模"选项卡中单击"Smart 组件"，新建一个 Smart 组件，并命名为"SC_InFeeder"
	第2步　单击"添加组件"，选择"动作"→"Source"选项
	第3步　将 Source 组件的属性进行如下设置：将码垛产品设置为产品源，即在"Source"下拉列表框中选择"Product_Source"选项，单击"应用"按钮，则每次触发后都能产生一个产品源的复制品

2. 创建输送链的运动属性

子组件"Queue"可以将同类型物体做队列处理，这里将产品源的复制品作为 Queue 随着输送链运动，子组件"LinearMover"表示线性运动，可以用于产生输送链的运动。其操作步骤见表 6-3。

表 6-3　创建输送链运动属性的步骤

图　例	步　骤
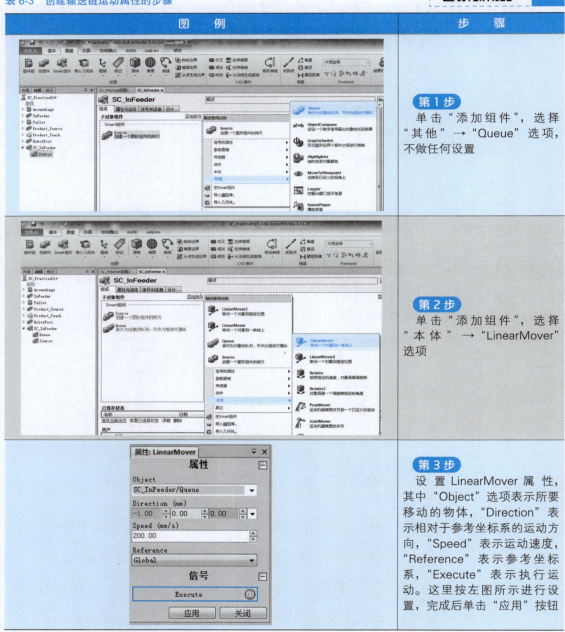	**第1步** 单击"添加组件"，选择"其他"→"Queue"选项，不做任何设置
	第2步 单击"添加组件"，选择"本体"→"LinearMover"选项
	第3步 设置 LinearMover 属性，其中"Object"选项表示所要移动的物体，"Direction"表示相对于参考坐标系的运动方向，"Speed"表示运动速度，"Reference"表示参考坐标系，"Execute"表示执行运动。这里按左图所示进行设置，完成后单击"应用"按钮

在所构建的工作站中，输送链的运动方向和参考坐标系的 X 轴正方向相反，因此，在 Direction 的第一个空格中只需要填写一个负数即可，代表输送链运动的正方向。同时设定运动

速度为 200mm/s，将 "Execute" 置 1，使输送链一直运动。

3. 输送链面传感器的设置

当产品随着输送链运动到前端时能自动停止，这就要求在输送链前端挡板上安装面传感器。设置面传感器的方法是：在输送链前端挡板上捕捉一点作为面的原点，然后基于此原点，沿着两个垂直的方向设定一个矩形面作为面传感器，具体步骤见表 6-4。

表 6-4　输送链面传感器的设置步骤

图　例	步　骤
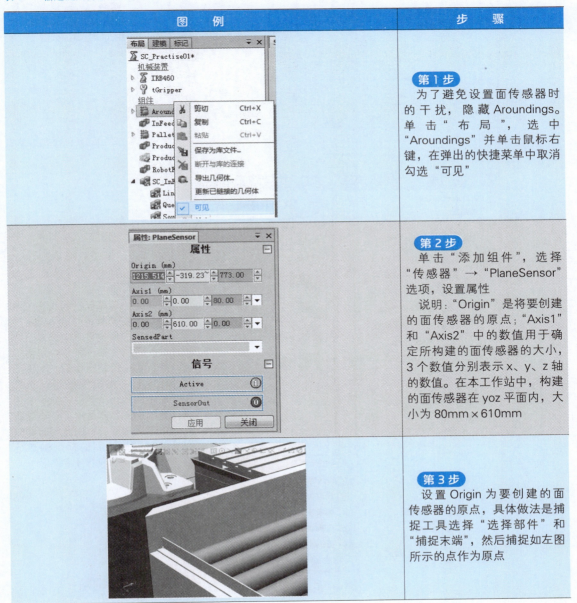	**第 1 步** 为了避免设置面传感器时的干扰，隐藏 Aroundings。单击"布局"，选中"Aroundings"并单击鼠标右键，在弹出的快捷菜单中取消勾选"可见"
	第 2 步 单击"添加组件"，选择"传感器"→"PlaneSensor"选项，设置属性 说明："Origin"是将要创建的面传感器的原点；"Axis1"和"Axis2"中的数值用于确定所构建的面传感器的大小，3 个数值分别表示 x、y、z 轴的数值。在本工作站中，构建的面传感器在 yoz 平面内，大小为 80mm×610mm
	第 3 步 设置 Origin 为要创建的面传感器的原点，具体做法是捕捉工具选择"选择部件"和"捕捉末端"，然后捕捉如左图所示的点作为原点

（续）

图　例	步　骤

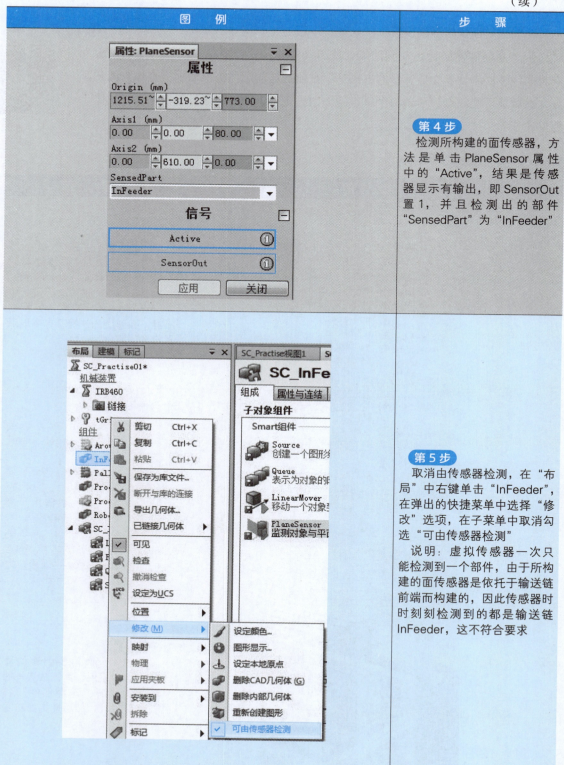

第 4 步

检测所构建的面传感器，方法是单击 PlaneSensor 属性中的"Active"，结果是传感器显示有输出，即 SensorOut 置 1，并且检测出的部件"SensedPart"为"InFeeder"

第 5 步

取消由传感器检测，在"布局"中右键单击"InFeeder"，在弹出的快捷菜单中选择"修改"选项，在子菜单中取消勾选"可由传感器检测"

说明：虚拟传感器一次只能检测到一个部件，由于所构建的面传感器是依托于输送链前端而构建的，因此传感器时时刻刻检测到的都是输送链 InFeeder，这不符合要求

（续）

图　例	步　骤
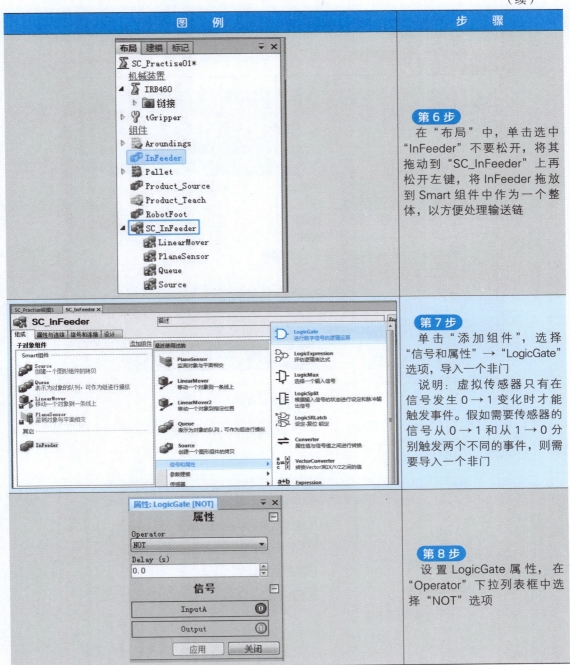	**第6步** 在"布局"中，单击选中"InFeeder"不要松开，将其拖动到"SC_InFeeder"上再松开左键，将InFeeder拖放到Smart组件中作为一个整体，以方便处理输送链
	第7步 单击"添加组件"，选择"信号和属性"→"LogicGate"选项，导入一个非门 说明：虚拟传感器只有在信号发生0→1变化时才能触发事件。假如需要传感器的信号从0→1和从1→0分别触发两个不同的事件，则需要导入一个非门
	第8步 设置LogicGate属性，在"Operator"下拉列表框中选择"NOT"选项

4. 创建属性连结

属性连结是指各Smart子组件的某项属性之间的连结，通过设置属性连结，能够使两个具有关联的组件实现联动。

—· 147 ·—

1）单击"属性与连结"选项卡，单击"属性连结"中的"添加连结"，如图 6-2 所示。

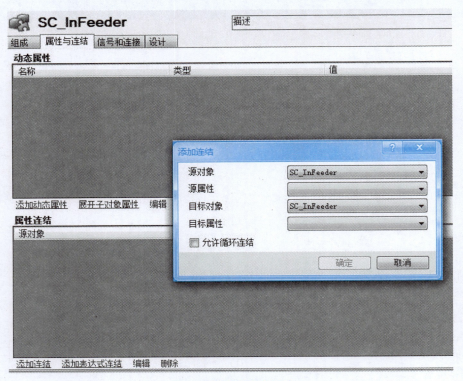

图6-2　设置属性连结参数

2）这里只涉及"Source 的 Copy 是下一个即将进入队列的对象"这样一个属性连结，如图 6-3 所示。

图6-3　设置添加连结

Source 的 Copy 是产品源的复制品，Queue 的 Back 是下一个将要进入队列的对象。通过上面的属性连结，可以实现产品源产生一个复制品，执行加入队列的动作后，该复制品进入 Queue 中，而 Queue 是一直随着输送链不断运动的，则生产的复制品也随着输送链运动。当执行退出队列动作后，复制品将退出队列，停止运动。

5. 创建信号连结

I/O 信号指的是在工作站自行创建的数字信号以及各 Smart 子组件的输入 / 输出信号，而信号的连结就是指将在工作站中创建的数字信号和各 Smart 子组件的输入 / 输出信号，或 Smart 子组件输入 / 输出信号互相之间做某种关联，从而实现某种控制效果。其操作过程见表 6-5。

表 6-5　创建信号连结的过程

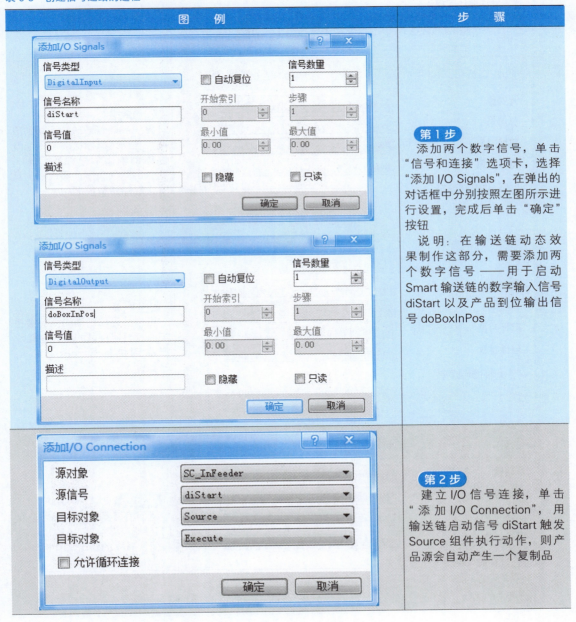

图　例	步　骤
添加I/O Signals 信号类型 DigitalInput　☐ 自动复位　信号数量 1 信号名称 diStart　开始索引 0　步骤 1 信号值 0　最小值 0.00　最大值 0.00 描述　☐ 隐藏　☐ 只读 确定　取消	**第1步** 添加两个数字信号，单击"信号和连接"选项卡，选择"添加 I/O Signals"，在弹出的对话框中分别按照左图所示进行设置，完成后单击"确定"按钮 说明：在输送链动态效果制作这部分，需要添加两个数字信号——用于启动 Smart 输送链的数字输入信号 diStart 以及产品到位输出信号 doBoxInPos
添加I/O Signals 信号类型 DigitalOutput　☐ 自动复位　信号数量 1 信号名称 doBoxInPos　开始索引 0　步骤 1 信号值 0　最小值 0.00　最大值 0.00 描述　☐ 隐藏　☐ 只读 确定　取消	
添加I/O Connection 源对象 SC_InFeeder 源信号 diStart 目标对象 Source 目标对象 Execute ☐ 允许循环连接 确定　取消	**第2步** 建立 I/O 信号连接，单击"添加 I/O Connection"，用输送链启动信号 diStart 触发 Source 组件执行动作，则产品源会自动产生一个复制品

（续）

图　　例	步　　骤
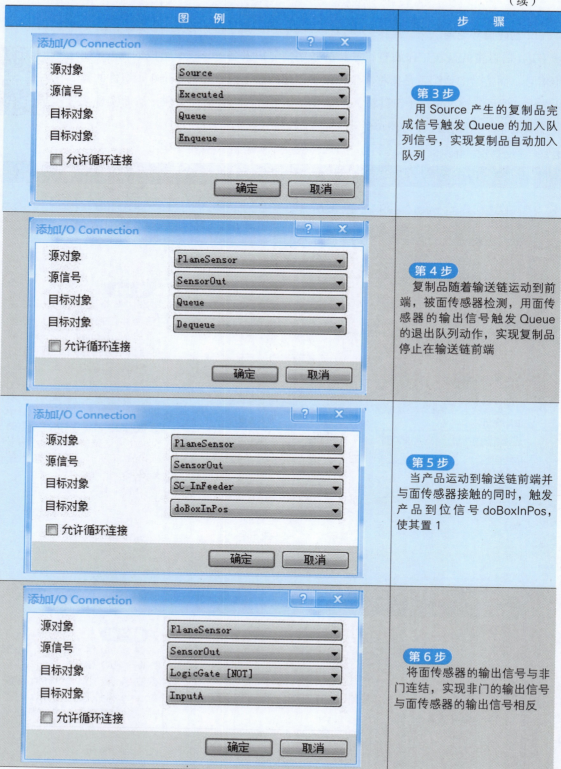	**第3步**　用 Source 产生的复制品完成信号触发 Queue 的加入队列信号，实现复制品自动加入队列
	第4步　复制品随着输送链运动到前端，被面传感器检测，用面传感器的输出信号触发 Queue 的退出队列动作，实现复制品停止在输送链前端
	第5步　当产品运动到输送链前端并与面传感器接触的同时，触发产品到位信号 doBoxInPos，使其置1
	第6步　将面传感器的输出信号与非门连结，实现非门的输出信号与面传感器的输出信号相反

（续）

图　例	步　骤
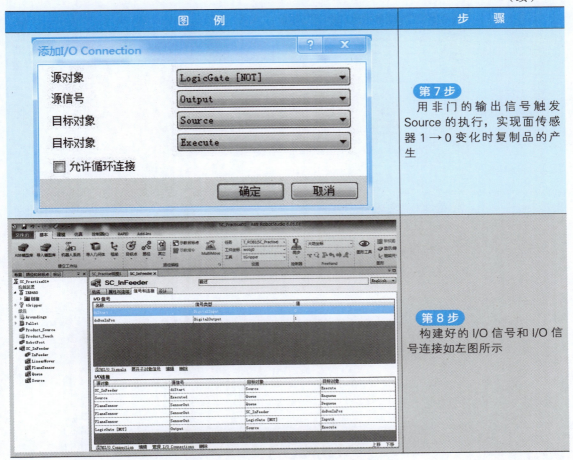	**第7步** 用非门的输出信号触发 Source 的执行，实现面传感器 1→0 变化时复制品的产生 **第8步** 构建好的 I/O 信号和 I/O 信号连接如左图所示

6. 仿真验证

仿真验证操作步骤见表 6-6。

表 6-6　仿真验证操作步骤

图　例	步　骤
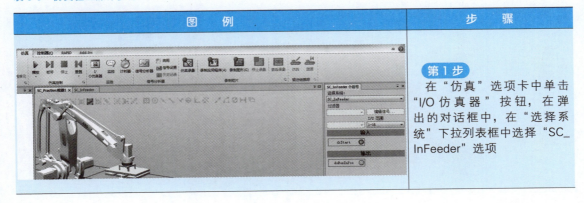	**第1步** 在"仿真"选项卡中单击"I/O 仿真器"按钮，在弹出的对话框中，在"选择系统"下拉列表框中选择"SC_InFeeder"选项

（续）

图　例	步　骤
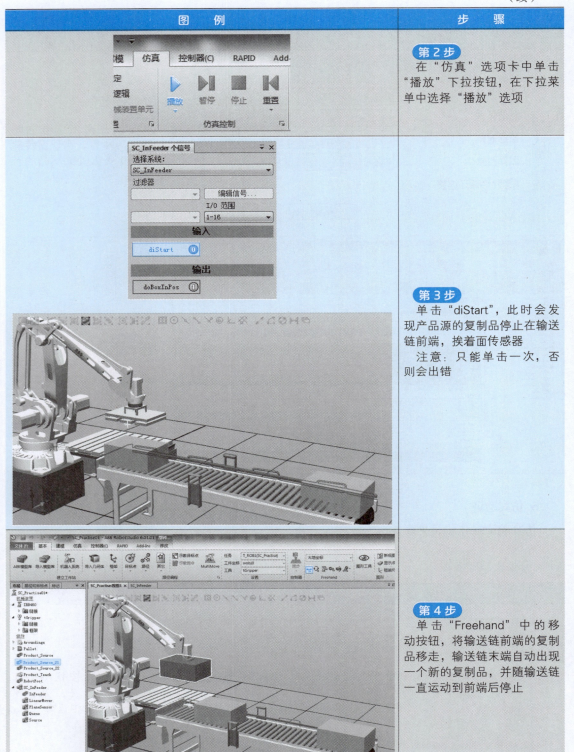	**第2步** 在"仿真"选项卡中单击"播放"下拉按钮，在下拉菜单中选择"播放"选项 **第3步** 单击"diStart"，此时会发现产品源的复制品停止在输送链前端，挨着面传感器 注意：只能单击一次，否则会出错 **第4步** 单击"Freehand"中的移动按钮，将输送链前端的复制品移走，输送链末端自动出现一个新的复制品，并随输送链一直运动到前端后停止

（续）

图　例	步　骤
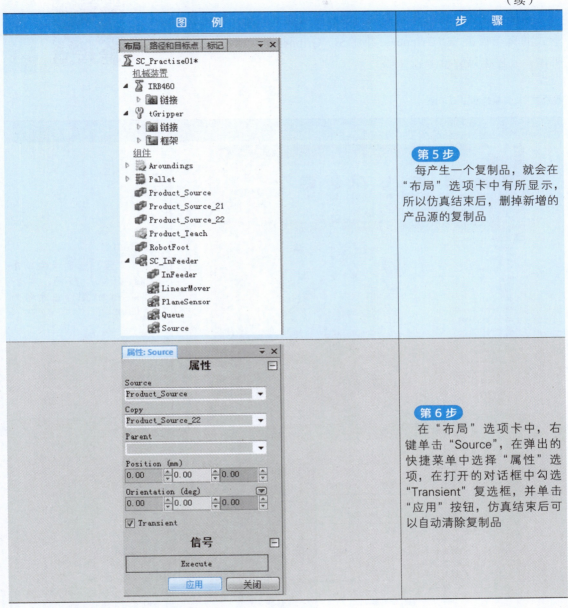	**第5步** 　每产生一个复制品，就会在"布局"选项卡中有所显示，所以仿真结束后，删掉新增的产品源的复制品 **第6步** 　在"布局"选项卡中，右键单击"Source"，在弹出的快捷菜单中选择"属性"选项，在打开的对话框中勾选"Transient"复选框，并单击"应用"按钮，仿真结束后可以自动清除复制品

三、创建动态夹具

　　创建一个具有动态效果的海绵式真空吸盘作为拾取和释放产品的工具。真空吸盘的动态效果包括在输送链的前端拾取产品、在待放置处释放产品以及自动置位、复位真空反馈信号。

1. 夹具属性的设置

本部分主要是将工作站中现有的真空吸盘 tGripper 转化成 Smart 形式的真空吸盘 SC_Gripper，并使 SC_Gripper 继承 tGripper 的全部性质，其操作步骤见表 6-7。

表 6-7 夹具属性的设置步骤

图　例	步　骤
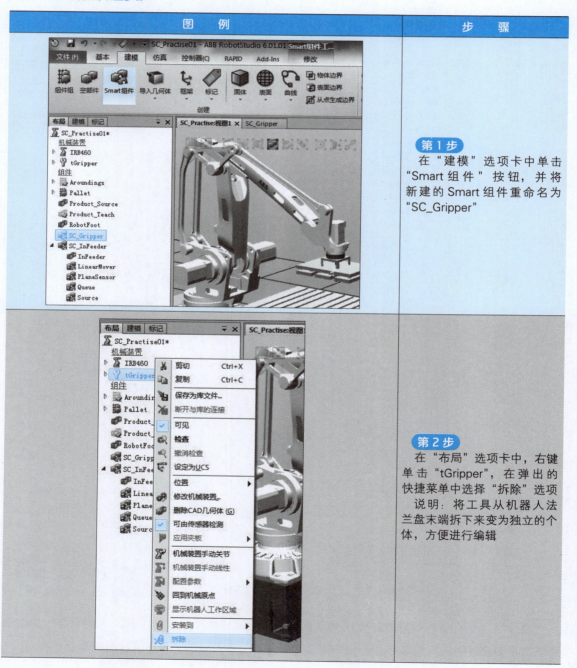	**第1步**　在"建模"选项卡中单击"Smart 组件"按钮，并将新建的 Smart 组件重命名为"SC_Gripper" **第2步**　在"布局"选项卡中，右键单击"tGripper"，在弹出的快捷菜单中选择"拆除"选项 　说明：将工具从机器人法兰盘末端拆下来变为独立的个体，方便进行编辑

（续）

图　例	步　骤
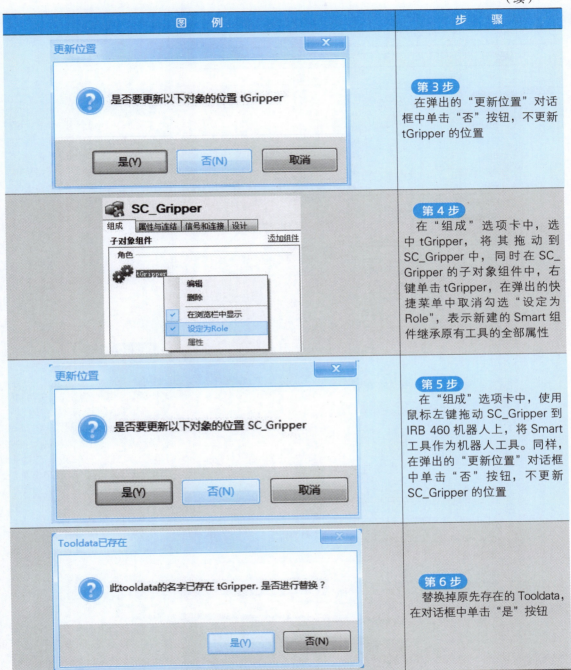	**第3步** 在弹出的"更新位置"对话框中单击"否"按钮，不更新 tGripper 的位置
	第4步 在"组成"选项卡中，选中 tGripper，将其拖动到 SC_Gripper 中，同时在 SC_Gripper 的子对象组件中，右键单击 tGripper，在弹出的快捷菜单中取消勾选"设定为 Role"，表示新建的 Smart 组件继承原有工具的全部属性
	第5步 在"组成"选项卡中，使用鼠标左键拖动 SC_Gripper 到 IRB 460 机器人上，将 Smart 工具作为机器人工具。同样，在弹出的"更新位置"对话框中单击"否"按钮，不更新 SC_Gripper 的位置
	第6步 替换掉原先存在的 Tooldata，在对话框中单击"是"按钮

2. 检测传感器的设置

夹具能否夹取产品以及夹取是否成功都离不开传感器的检测。本部分将要设定的安装在真空吸盘上的线传感器就是完成此功能的，具体设置过程见表 6-8。

表 6-8　检测传感器的设置过程

图　例	步　骤
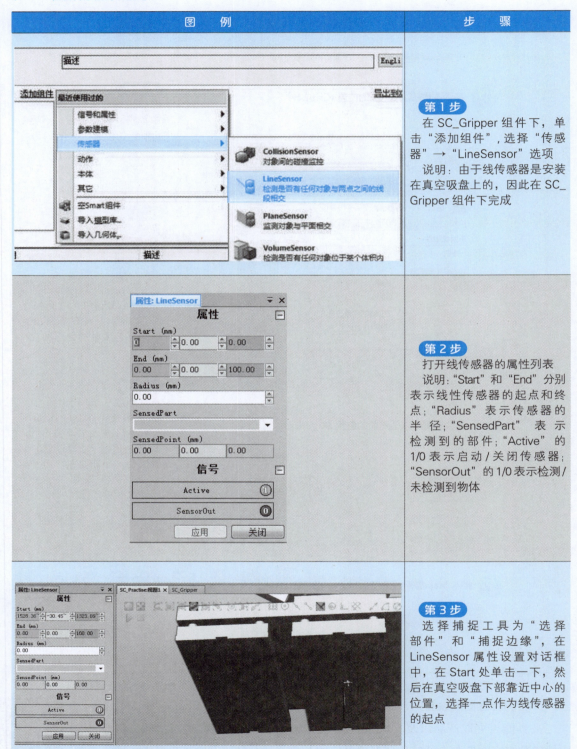	**第1步** 在 SC_Gripper 组件下,单击"添加组件",选择"传感器"→"LineSensor"选项 说明:由于线传感器是安装在真空吸盘上的,因此在 SC_Gripper 组件下完成
	第2步 打开线传感器的属性列表 说明:"Start"和"End"分别表示线性传感器的起点和终点;"Radius"表示传感器的半径;"SensedPart"表示检测到的部件;"Active"的 1/0 表示启动/关闭传感器;"SensorOut"的 1/0 表示检测/未检测到物体
	第3步 选择捕捉工具为"选择部件"和"捕捉边缘",在 LineSensor 属性设置对话框中,在 Start 处单击一下,然后在真空吸盘下部靠近中心的位置,选择一点作为线传感器的起点

（续）

图　例	步　骤
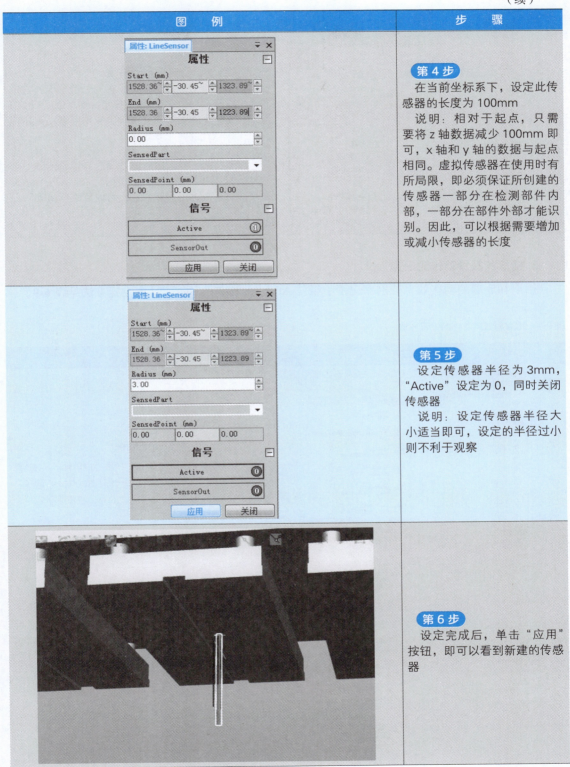	**第4步** 在当前坐标系下，设定此传感器的长度为100mm 说明：相对于起点，只需要将z轴数据减少100mm即可，x轴和y轴的数据与起点相同。虚拟传感器在使用时有所局限，即必须保证所创建的传感器一部分在检测部件内部，一部分在部件外部才能识别。因此，可以根据需要增加或减小传感器的长度 **第5步** 设定传感器半径为3mm，"Active"设定为0，同时关闭传感器 说明：设定传感器半径大小适当即可，设定的半径过小则不利于观察 **第6步** 设定完成后，单击"应用"按钮，即可以看到新建的传感器

（续）

图　例	步　骤
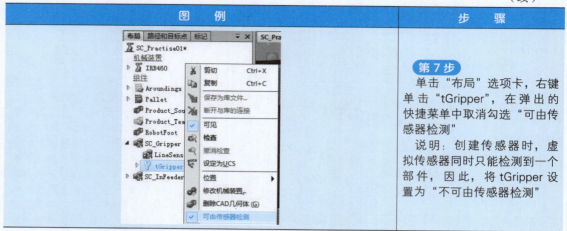	**第7步** 单击"布局"选项卡，右键单击"tGripper"，在弹出的快捷菜单中取消勾选"可由传感器检测" 说明：创建传感器时，虚拟传感器同时只能检测到一个部件，因此，将tGripper设置为"不可由传感器检测"

3. 拾取和放置动作的设置

拾取和放置的动作效果分别对应于子组件 Attacher 和 Detacher，具体设置方法见表 6-9。

表 6-9　拾取和放置动作的设置方法

图　例	步　骤
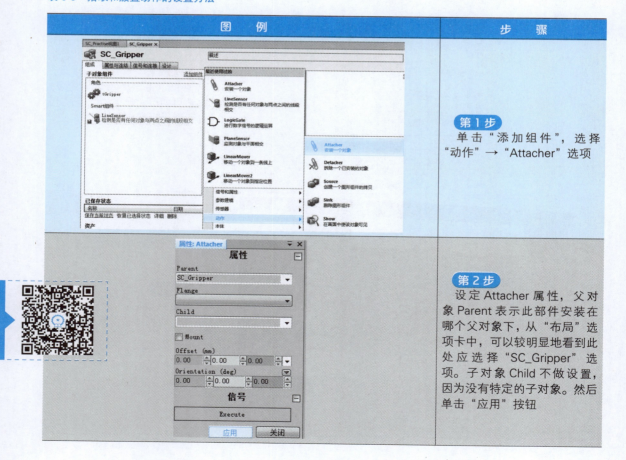	**第1步** 单击"添加组件"，选择"动作"→"Attacher"选项 **第2步** 设定 Attacher 属性，父对象 Parent 表示此部件安装在哪个父对象下，从"布局"选项卡中，可以较明显地看到此处应选择"SC_Gripper"选项。子对象 Child 不做设置，因为没有特定的子对象。然后单击"应用"按钮

（续）

图　例	步　骤
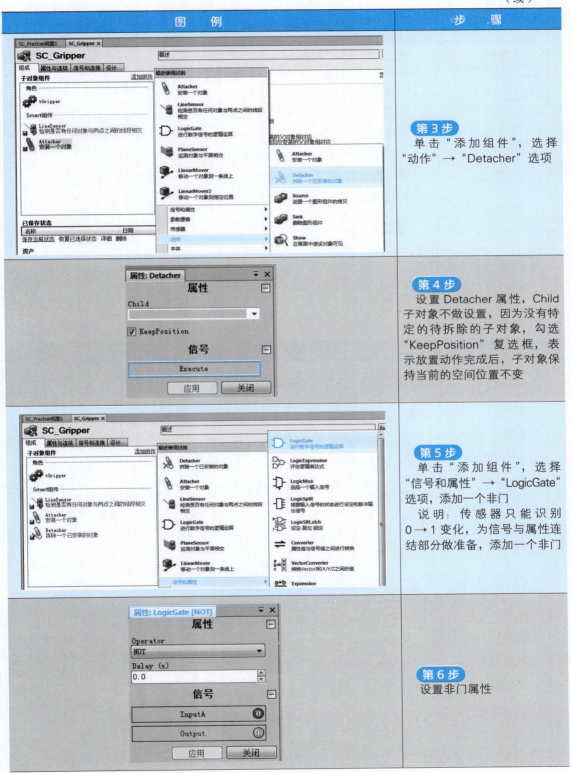	**第3步** 单击"添加组件"，选择"动作" → "Detacher" 选项
	第4步 设置 Detacher 属性，Child 子对象不做设置，因为没有特定的待拆除的子对象，勾选"KeepPosition" 复选框，表示放置动作完成后，子对象保持当前的空间位置不变
	第5步 单击"添加组件"，选择"信号和属性" → "LogicGate"选项，添加一个非门 说明：传感器只能识别 0 → 1 变化，为信号与属性连结部分做准备，添加一个非门
	第6步 设置非门属性

（续）

图 例	步 骤
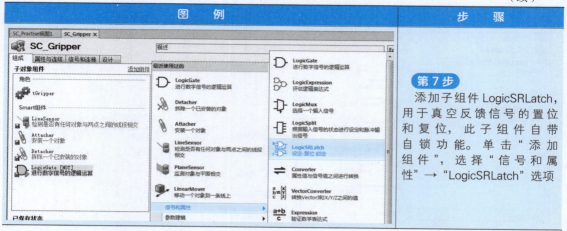	**第7步** 添加子组件 LogicSRLatch，用于真空反馈信号的置位和复位，此子组件自带自锁功能。单击"添加组件"，选择"信号和属性"→"LogicSRLatch"选项

4. 属性与连结的创建

属性与连结的创建方法见表 6-10。

表 6-10 属性与连结的创建方法

图 例	步 骤
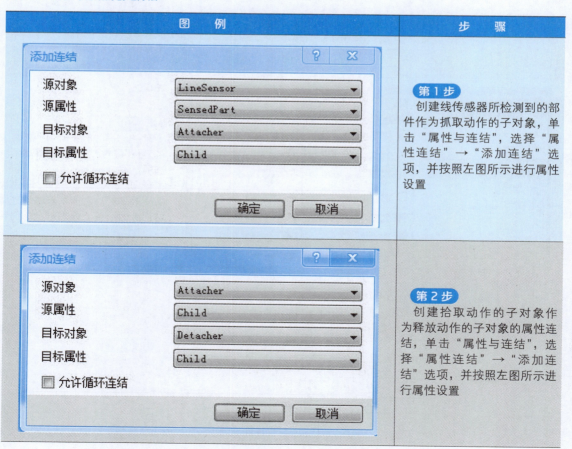	**第1步** 创建线传感器所检测到的部件作为抓取动作的子对象，单击"属性与连结"，选择"属性连结"→"添加连结"选项，并按照左图所示进行属性设置
	第2步 创建拾取动作的子对象作为释放动作的子对象的属性连结，单击"属性与连结"，选择"属性连结"→"添加连结"选项，并按照左图所示进行属性设置

（续）

图　例	步　骤
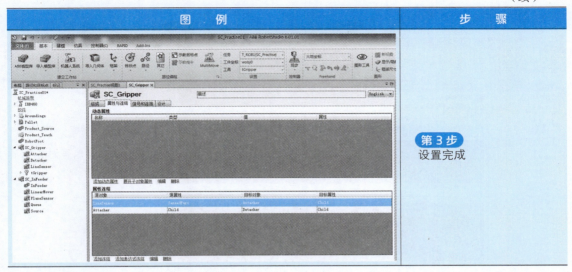	**第3步** 设置完成

5. 信号和连接的创建

创建两个数字信号：数字输入信号 diGripper，用于控制 SC_Gripper 的拾取和释放动作的执行；数字输出信号 doVacuumOK，其置 1/0 表示真空建立 / 消失。创建的步骤见表 6-11。

表 6-11　信号和连接的创建步骤

图　例	步　骤
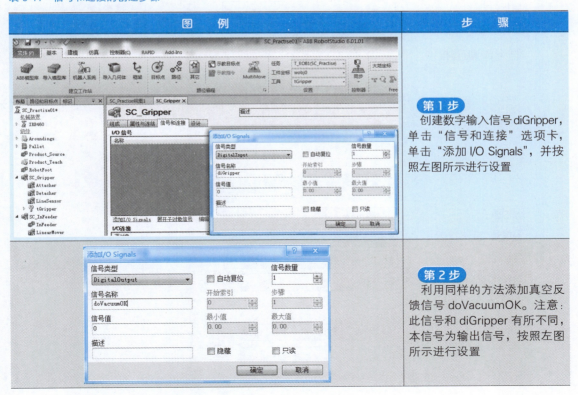	**第1步** 创建数字输入信号 diGripper，单击"信号和连接"选项卡，单击"添加 I/O Signals"，并按照左图所示进行设置 **第2步** 利用同样的方法添加真空反馈信号 doVacuumOK。注意：此信号和 diGripper 有所不同，本信号为输出信号，按照左图所示进行设置

（续）

图　例	步　骤
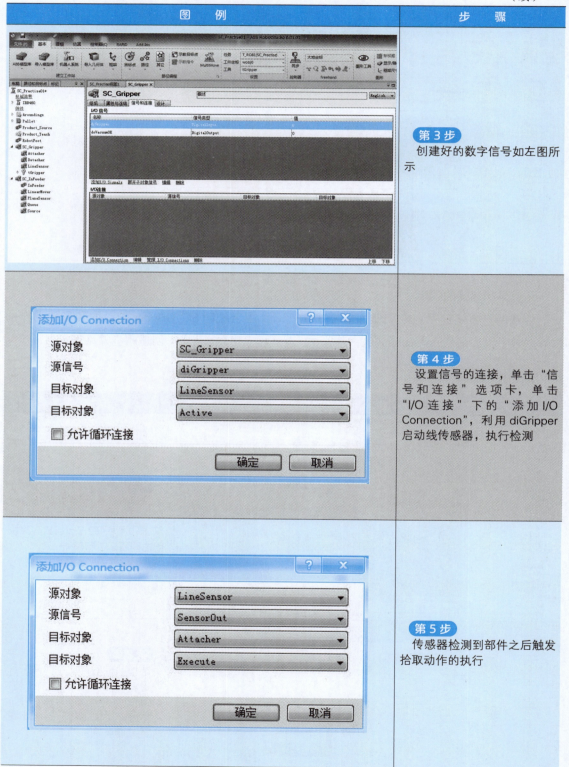	**第3步**　创建好的数字信号如左图所示 **第4步**　设置信号的连接，单击"信号和连接"选项卡，单击"I/O连接"下的"添加I/O Connection"，利用diGripper启动线传感器，执行检测 **第5步**　传感器检测到部件之后触发拾取动作的执行

（续）

图　　例	步　　骤
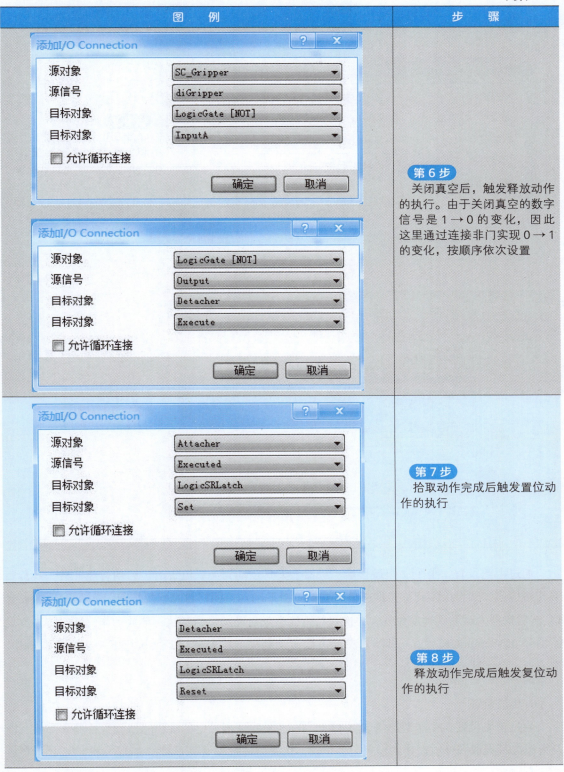	**第 6 步** 关闭真空后，触发释放动作的执行。由于关闭真空的数字信号是 1→0 的变化，因此这里通过连接非门实现 0→1 的变化，按顺序依次设置 **第 7 步** 拾取动作完成后触发置位动作的执行 **第 8 步** 释放动作完成后触发复位动作的执行

（续）

图　例	步　骤
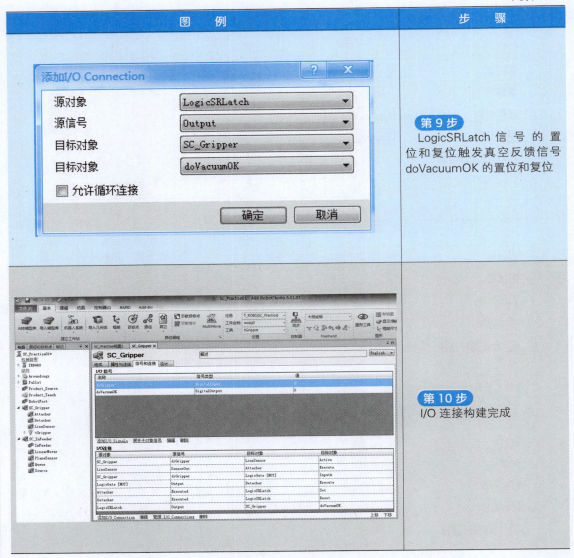	**第 9 步** LogicSRLatch 信 号 的 置位和复位触发真空反馈信号 doVacuumOK 的置位和复位
	第 10 步 I/O 连接构建完成

通过上述设置，整个动作过程是：机器人夹具运动到夹取位置后，启动智能夹具，线传感器开始检测，如果检测到待夹取部件，则执行拾取动作，同时将真空反馈信号 doVacuumOK 置 1。然后机器人运动到释放位置，再次执行智能夹具启动动作，则执行释放动作，同时将真空反馈信号 doVacuumOK 置 0。机器人夹具再次运动到夹取物料位置，去执行下一次的拾取动作，进入下一个循环。

6. 仿真验证

通过预先设置在输送链前端的 Product_Teach，验证所设定的线传感器能否检测到部件，以及智能夹具夹取和释放动作的设置是否正确。仿真验证过程见表 6-12。

表 6-12　仿真验证过程

图　例	步　骤
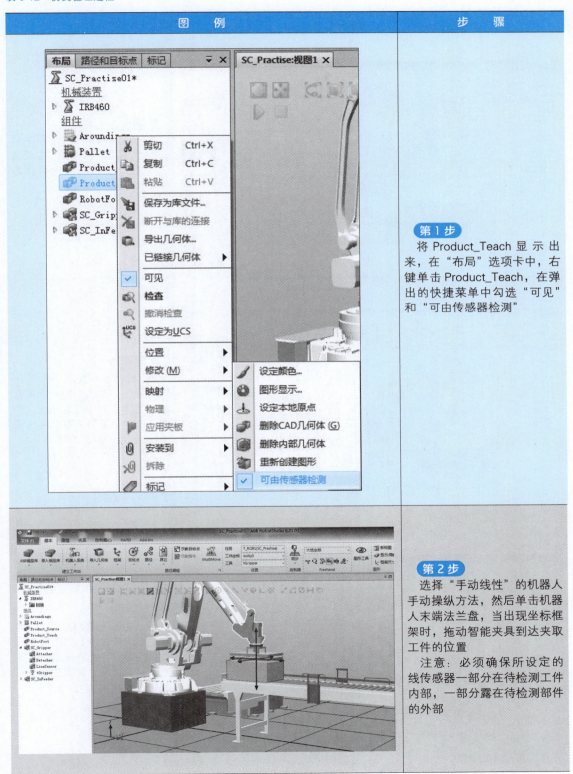	**第1步** 　　将 Product_Teach 显示出来,在"布局"选项卡中,右键单击 Product_Teach,在弹出的快捷菜单中勾选"可见"和"可由传感器检测" **第2步** 　　选择"手动线性"的机器人手动操纵方法,然后单击机器人末端法兰盘,当出现坐标框架时,拖动智能夹具到达夹取工件的位置 　　注意:必须确保所设定的线传感器一部分在待检测工件内部,一部分露在待检测部件的外部

（续）

图　例	步　骤
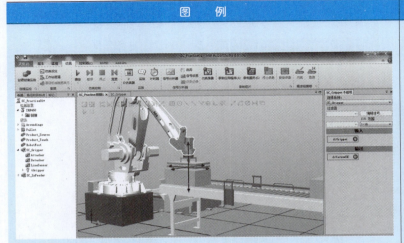	**第3步** 单击"仿真"选项卡中的"I/O 仿真器"按钮，在"选择系统"下拉列表框中选择"SC_Gripper"选项
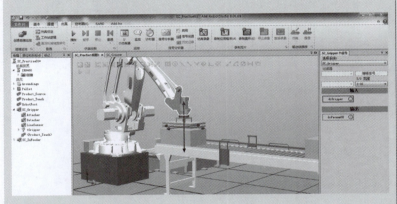	**第4步** 将 diGripper 置 1，同时拖动机器人法兰盘上的坐标系框架，检测夹具的夹取动作。同时，还可以看到真空反馈信号 doVacuumOK 置 1
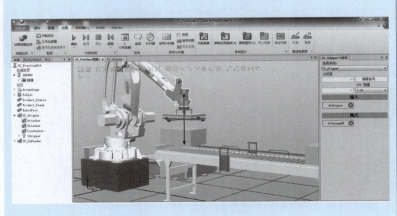	**第5步** 将 diGripper 置 0，再次拖动机器人法兰盘上的坐标系框架，检测夹具的释放动作。同时，可以观察到真空反馈信号 doVacuumOK 置 0

（续）

图　例	步　骤
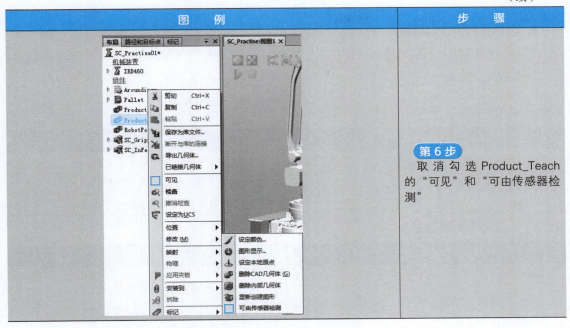	 **第 6 步** 取消勾选 Product_Teach 的"可见"和"可由传感器检测"

四、工作站逻辑的设定

本工作站中包括的机器人、Smart 组件以及机器人与 Smart 组件之间等都需要进行逻辑设置，在前面章节中已经进行了 Smart 组件的逻辑设置，因此在这部分只设定机器人与 Smart 组件之间的通信。可以将两个 Smart 组件，即输送链和夹具看成两个外围设备。因此整个工作站的逻辑可以设定为：将 Smart 组件的输出信号作为机器人的输入信号，将机器人的输出信号作为 Smart 组件的输入信号。

1. 机器人I/O单元的设定

1）I/O 单元使用的通信板卡是标准 I/O 板——DSQC652 板，参数设置见表 6-13。

表 6-13　I/O 单元的参数设置

参数名称	设定值
Name	BOARD10
Type of Unit	d652
Connected to Bus	DeviceNet1
DeviceNet Address	10

2）I/O 单元设置步骤参考项目 2 的 I/O 单元设置步骤。

2. I/O信号的添加和设置

1）在 BOARD10 下添加表 6-14 中的 3 个 I/O 信号，其中两个为输入信号，一个为输出信号。信号的参数配置见表 6-15~ 表 6-17。

表 6-14　I/O 信号表

信号名称	描　述
diBoxInPos	数字输入信号，用作产品到位检测
diVacuumOK	数字输入信号，用作真空反馈信号
doGripper	数字输出信号，用于控制真空吸盘动作

表 6-15　diBoxInPos 信号参数配置

参数名称	设定值
Name	diBoxInPos
Type of Signal	Digital Input
Assigned to Device	BOARD10
Device Mapping	0

表 6-16　diVacuumOK 信号参数配置

参数名称	设定值
Name	diVacuumOK
Type of Signal	Digital Input
Assigned to Device	BOARD10
Device Mapping	1

表 6-17　doGripper 信号参数配置

参数名称	设定值
Name	doGripper
Type of Signal	Digital Output
Assigned to Device	BOARD10
Device Mapping	0

2）I/O 信号的添加和设置过程参考项目 2 的 I/O 信号设置过程。

至此，机器人端的 3 个 I/O 信号设置完毕，可通过这 3 个 I/O 信号实现机器人和 Smart 组件之间的通信。

3. 设定工作站逻辑

工作站逻辑设定方法见表 6-18。

表 6-18　工作站逻辑设定方法

图　例	步　骤
	**第1步** 单击"仿真"选项卡下的"工作站逻辑"按钮
	第2步 在弹出的菜单中单击"信号和连接"选项卡，单击"添加 I/O Connection"，设定机器人端真空吸盘控制信号与 Smart 夹具的动作信号相连接
	第3步 设定 Smart 输送链的产品到位信号与机器人端的产品到位信号相连接
	第4步 设定 Smart 夹具的真空反馈信号与机器人端的真空反馈信号相连接

（续）

图　例	步　骤
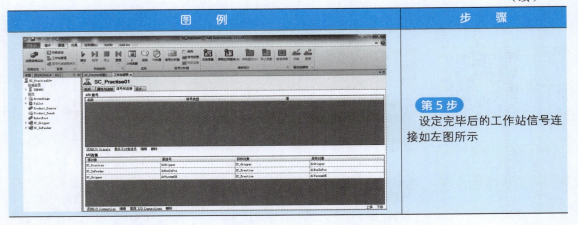	 **第 5 步** 设定完毕后的工作站信号连接如左图所示

▼ 五、创建工具数据

　　这里，在程序编写过程中只对机器人三大重要数据中的工具数据进行设置，采用 TCP 和 Z 法进行设置，编程过程中使用默认情况下的工件数据和载荷数据。工具数据的初始值设置见表 6-19。

表 6-19　工具数据的初始值设置

参数名称	参数数值
robothold	True
trans	
X	0
Y	0
Z	160
rot	
q1	1
q2	0
q3	0
q4	0
mass	1
cog	
X	1
Y	0
Z	1
其余参数保持默认值	

其中，robothold 为 True/False 代表机器人使用 / 未使用此工具，trans 表示相对于 TCP 的位置，rot 表示旋转角度，mass 表示重量，cog 表示重心。在真实工作环境中，按照实际数据完成表 6-19 中工具参数的设置。

六、程序编制及调试

1. 控制要求

按照图 6-4 所示的位置执行搬运操作，一共分为两层，每层 5 个工件，共计 10 个工件，两层的摆放顺序和位置如图 6-4 所示。

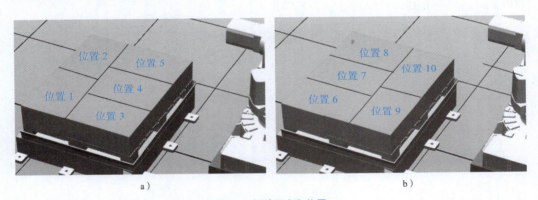

a ）　　　　　　　　　　　　　　b ）

图6-4　摆放顺序和位置

2. 参考程序

```
MODULE MainMoudle

PERS tooldata tGripper:=[TRUE,[[0,0,160],[1,0,0,0]],[1,[1,0,1],[1,0,0,0],0,0,0]] ;

    ! 定义了工具数据 tGripper

PERS robtarget Home:=[[1518.35057503,0,877.822906024],[0,0,1,0],[0,0,0,0],[9E9,9E9,9E9,9E9,9E9,9E9]] ;

    ! 定义初始位置

PERS robtarget pPick:=[[1518.36,-11.46,567.51],[1.81232E-06,-1.86265E-09,-1,-1.36563E-08],[-1,0,-1,0], [9E+09, 9E+09, 9E+09, 9E+09, 9E+09, 9E+09]] ;

    ! 定义抓取工件位置
```

PERS robtarget pPlaceBase:=[[-285.531972806, 1859.243453208, 99.429150272], [0,0.000000358,1,0], [1,0,1,0], [9E9,9E9,9E9,9E9,9E9,9E9]]；

！定义放置工件基准点，即位置 1

PERS robtarget pPlace:=[[-385.532,1759.24,349.429],[0,0.707107,0.707107,0],[1,0,1,0],[9E+09,9E+09,9E+09, 9E+09,9E+09,9E+09]]；

！定义放置工件位置

PERS robtarget pActualPos:=[[1518.35,0,877.823],[1.81232E-06,0,-1,0],[0,0,0,0],[9E+09,9E+09,9E+09,9E+09, 9E+09,9E+09]]；

！定义机器人目标点实际位置

PERS bool bPalletFull:=FALSE；

！定义布尔型变量 bPalletFull，表示垛盘是否放满

PERS num nCount:=1；

！定义放置产品数量

PROC Main()

！主程序

rInitAll；

！初始化程序，包括机器人 pHome、pActualPos 的初始化，以及垛盘和码垛数量的初始化等

WHILE TRUE DO

！利用 WHILE 指令将初始化程序隔开，即只在第一次运行时执行一次初始化指令，之后开始执行抓取和放置操作

IF bPalletFull=FALSE THEN

！ IF 指令，当满足 IF 指令的条件时执行 THEN 后面的操作，即当 "bPalletFull=FALSE" 满足时向下继续执行程序

rPick；

！执行抓取操作

　　　　　　rPlace ；

　　! 执行放置操作

　　　　ELSE

　　　　　　WaitTime 0.3 ；

　　! 循环等待时间，防止在不满足机器人动作条件的情况下程序执行进入无限循环状态，造成机器人控制器 CPU 过负荷

　　　　ENDIF

　　　ENDWHILE

　ENDPROC

　PROC rInitAll()

　! 初始化程序

　　　pActualPos:=CRobT(\tool:=tGripper) ；

　! 读取机器人当前位置并赋值给 pActualPos

　　　pActualPos.trans.z:=pHome.trans.z ；

　! 将 pHome 的 z 坐标值赋值给 pActualPos 的 z 坐标

　　　MoveL pActualPos,v500,fine,tGripper\WObj:=wobj0 ；

　! 使用直线运动指令运动到 pActualPos 点

　　　MoveJ pHome,v500,fine,tGripper\WObj:=wobj0 ；

　! 使用关节运动指令到达 pHome 点

　　　bPalletFull:=FALSE ；

　! 将 bPalletFull 赋值为 FALSE，表示垛盘未满

　　　nCount:=1 ；

　! 计数初值设置为 1

　　　Reset doGripper ；

　! 复位 doGripper 信号

ENDPROC

PROC rPick()

！执行抓取程序

MoveJ Offs(pPick,0,0,300),v2000,z50,tGripper\WObj:=wobj0 ;

！利用 MoveJ 指令移动到抓取位置正上方 300mm 处

WaitDI diBoxInPos,1 ;

！等待 diBoxInPos 信号为 1 才能继续向下执行程序

MoveL pPick,v500,fine,tGripper\WObj:=wobj0 ;

！运动到抓取工件位置

Set doGripper ;

！置位 doGripper 信号

WaitDI diVacuumOK,1 ;

！等待 diVacuumOK 信号为 1 才继续向下执行

MoveL Offs(pPick,0,0,300),v500,z50,tGripper\WObj:=wobj0 ;

！使用直线运动指令移动到抓取位置的正上方 300mm 处

ENDPROC

PROC rPlace()

！执行放置程序

rPosition ;

！执行放置位置子程序

MoveJ Offs(pPlace,0,0,300),v2000,z50,tGripper\WObj:=wobj0 ;

！使用关节运动指令运动到待放置点上方 300mm 处

MoveL pPlace,v500,fine,tGripper\WObj:=wobj0 ;

！直线运动到放置点

```
        Reset doGripper ;
```
！复位 doGripper 信号

```
        WaitDI diVacuumOK,0 ;
```
！等待 diVacuumOK 为 0

```
        MoveL Offs(pPlace,0,0,300),v500,z50,tGripper\WObj:=wobj0 ;
```
！直线运动到放置点上方 300mm 处

```
        rPlaceRD ;
```
！执行放置产品个数子程序

```
    ENDPROC


    PROC rPlaceRD()
```
！执行码垛计数子程序

```
        Incr nCount ;
```
！nCount 自增，相当于 nCount= nCount+1

```
        IF nCount > =11 THEN
```
！执行 IF 语句，当 nCount > =11 时向下执行

```
            nCount:=1 ;
```
！将 nCount 置 1

```
            bPalletFull:=TRUE ;
```
！将布尔型变量 bPalletFull 置为 TRUE

```
            MoveJ pHome,v1000,fine,tGripper\WObj:=wobj0 ;
```
！使用关节运动指令回到 pHome 点

```
        ENDIF
    ENDPROC


    PROC rPosition()
```

！执行放置位置程序

　　TEST nCount

！测试 nCount 数值

　　CASE 1:

　　　　pPlace:=RelTool(pPlaceBase,0,0,0\Rz:=0)；

　　CASE 2:

　　　　pPlace:=RelTool(pPlaceBase,-600,0,0\Rz:=0)；

　　CASE 3:

　　　　pPlace:=RelTool(pPlaceBase,100,-500,0\Rz:=90)；

　　CASE 4:

　　　　pPlace:=RelTool(pPlaceBase,-300,-500,0\Rz:=90)；

　　CASE 5:

　　　　pPlace:=RelTool(pPlaceBase,-700,-500,0\Rz:=90)；

　　CASE 6:

　　　　pPlace:=RelTool(pPlaceBase,100,-100,-250\Rz:=90)；

　　CASE 7:

　　　　pPlace:=RelTool(pPlaceBase,-300,-100,-250\Rz:=90)；

　　CASE 8:

　　　　pPlace:=RelTool(pPlaceBase,-700,-100,-250\Rz:=90)；

　　CASE 9:

　　　　pPlace:=RelTool(pPlaceBase,0,-600,-250\Rz:=0)；

　　CASE 10:

　　　　pPlace:=RelTool(pPlaceBase,-600,-600,-250\Rz:=0)；

　　DEFAULT:

　　　　Stop；

　　ENDTEST

```
        ENDPROC
```

　　！ 通过对比 nCount 和 CASE 后的数值，如果一致，则执行相应 CASE 后的程序；如果超过 10，则跳出循环；并且 10 个工件的放置位置都是相对于 pPlaceBase 的位置偏移

```
    PROC rModify()
```

　　！ 位置示教子程序

```
        MoveL pHome,v1000,fine,tGripper\WObj:=wobj0；
```

　　！ pHome 位置示教

```
        MoveL pPick,v1000,fine,tGripper\WObj:=wobj0；
```

　　！ pPick 位置示教

```
        MoveL pPlaceBase,v1000,fine,tGripper\WObj:=wobj0；
```

　　！ pPlaceBase 位置示教

```
    ENDPROC
ENDMODULE
```

【项目拓展】

Smart组件及其子组件

　　前面的内容介绍了利用 Smart 组件完成输送链和机器人夹具的动作效果的制作，但仅仅使用了 Smart 组件的一部分功能，其他很大一部分功能并没有应用到。为了在今后的使用中能得心应手，本节内容将详细列举 Smart 子组件的功能，以供学习者参考。

1.“信号和属性”子组件

　　本子组件的主要功能是处理工作站运行中的各种数字信号的相互逻辑运算关系，从而达到预期的动态效果，共包括 LogicGate、LogicExpression 和 LogicMux 等 10 余种逻辑运算方式。

　　（1）LogicGate　　其功能是将两个操作数 InputA(Digital) 和 InputB(Digital)，按照操作符 Operator(String) 所指定的运算方式以及 Delay(Double) 所指定的输出变化延迟时间输出到 OutPut 所指定的运算结果中。其信号及属性说明见表 6-20。

　　（2）LogicExpression　　其主要功能是评估逻辑表达式，信号及属性见表 6-21。

表 6-20 LogicGate 信号及属性说明

信 号	说 明
InputA	第一个输入信号
InputB	第二个输入信号
Output	逻辑运算结果
属 性	**说 明**
Operater	所使用的逻辑运算符： AND——与 OR——或 XOR——异或 NOT——非 NOP——空操作
Delay	输出变化延迟时间

表 6-21 LogicExpression 信号及属性说明

信 号	说 明
Result(Digital)	内容为求值的结果
属 性	**说 明**
Expression(String)	要评估的表达式； 支持的逻辑运算符： AND OR NOT XOR 对于其他标识符，输入信号会自动添加

（3）LogicMux 其主要功能是选择一个输入信号，即按照"Selector(Digital)"设定为 0 时，选择第一个输入 InputA；为 1 时，选择第二个输入 InputB。其信号说明见表 6-22。

表 6-22 LogicMux 信号说明

信 号	说 明
Selector(Digital)	设定为 0，选择第一个输入；为 1，选择第二个输入
InputA(Digital)	第一个输入
InputB(Digital)	第二个输入
Output(Digital)	结果

（4）LogicSplit 其主要功能是根据输入信号的状态进行输出设定和脉冲输出设定，其信号说明见表 6-23。

表 6-23　LogicSplit 信号说明

信　号	说　明
Input(Digital)	输入
OutputHigh(Digital)	当输入为 1 变成 high(1)
OutputLow(Digital)	当输入为 0 变成 high(1)
PulseHigh(Digital)	当输入设定为 1 时变成 high(1)，然后变成 low(0)
PulseLow(Digital)	当输入设定为 0 时变成 high(1)，然后变成 low(0)

（5）LogicSRLatch　用于进行置位 / 复位设置，并具有自锁功能，其信号说明见表 6-24。

表 6-24　LogicSRLatch 信号说明

信　号	说　明
Set(Digital)	置位输出信号
Reset(Digital)	复位输出信号
Output(Digital)	输出
InvOutput(Digital)	输出置反

（6）Converter　用于属性值和信号值之间的转换，其信号和属性说明见表 6-25。

表 6-25　Converter 信号及属性说明

信　号	说　明
DigitalInput(Digital)	转换为 DigitalProperty
AnalogInput(Analog)	转换为 AnalogProperty
GroupInput(DigitalGroup)	转换为 GroupProperty
DigitalOutput(Digital)	从 DigitalProperty 进行转换
AnalogOutput(Analog)	从 AnalogProperty 转换过来
GroupOutput(DigitalGroup)	从 GroupProperty 进行转换
属　性	说　明
AnalogProperty(Double)	从 AnalogInput 到 AnalogOutput 的转换
DigitalProperty(Int32)	从 DigitalInput 转换成 DigitalOutput
BooleanProperty(Boolean)	从 DigitalInput 转换成 DigitalOutput
GroupProperty(Int32)	从 GroupInput 转换成 GroupOutput

（7）VectorConverter　其主要功能是完成转换 Vector3 和 X、Y、Z 之间的值，其属性说明见表 6-26。

表 6-26　VectorConverter 的属性说明

属　性	说　明
X(Double)	X 值
Y(Double)	Y 值
Z(Double)	Z 值
Vector(Vector3)	向量值

（8）Expression　用于验证数学表达式，公式计算支持 +、-、*、/、^(power)、sin、cos、tan、asin、acos、atan、atan2、sqrt、abs、pi。数字属性将自动添加给其他标识符。运算结果显示在 Result 中，其属性说明见表 6-27。

表 6-27　Expression 的属性说明

属　　性	说　　明
Expression(String)	要计算的表达式
Result(Double)	内容为求值的结果

（9）Comparer　其功能是设定一个数字信号，输出一个属性的比较结果，信号和属性说明见表 6-28。

表 6-28　Comparer 信号及属性说明

属　　性	说　　明
ValueA(Double)	第一个值
Operator(String)	比较操作 所支持的运算操作： == != > >= < <=
ValueB(Double)	第二个值
信　　号	说　　明
Output(Digital)	如果比较的结果为真，变成 high(1)

（10）Counter　用于增加或减少属性的值，其信号和属性说明见表 6-29。

表 6-29　Counter 信号及属性说明

属　　性	说　　明
Count(Int32)	计数
信　　号	说　　明
Increase(Digital)	设定为 high(1)，对计数器进行加操作
Decrease(Digital)	设定为 high(1)，进行减操作
Reset(Digital)	设定为 high(1)，对计数器进行复位

（11）Repeater　脉冲输出信号的次数，其信号和属性说明见表 6-30。

表 6-30　Repeater 信号及属性说明

属　　性	说　　明
Count(Int32)	脉冲输出的次数
信　　号	说　　明
Execute(Digital)	设定为 high(1) 时，脉冲输出计数器的次数
Output(Digital)	输出信号

（12）Timer　在仿真时，在指定的距离间隔输出一个数字信号，即当勾选 "Repeat" 时，在 Interval 指定的时间间隔重复触发脉冲。当取消勾选 "Repeat" 时，仅触发一个 Interval 指定的时间间隔的脉冲信号，其信号和属性说明见表 6-31。

表 6-31　Timer 信号及属性说明

属　　性	说　　明
StartTime(Double)	第一个脉冲之前的时间
Interval(Double)	脉冲宽度
Repeat(Boolean)	指定信号脉冲是重复还是单次
CurrentTime(Double)	输出当前时间
信　　号	说　　明
Active(Digital)	设定为 high(1) 时激活计时器
Reset(Digital)	设定为 high(1) 时复位当前计时
Output(Digital)	在指定的间隔距离变成 high(1)，然后变成 low(0)

（13）MultiTimer　仿真期间特定时间发出的脉冲数字信号，其信号和属性说明见表 6-32。

表 6-32　MultiTimer 信号及属性说明

属　　性	说　　明
Count(Int32)	信号数
CurrentTime(Double)	输出当前时间
信　　号	说　　明
Active(Digital)	设定为 high(1) 时激活计时器
Reset(Digital)	设定为 high(1) 时复位当前计时

（14）StopWatch　为仿真计时，Lap 设定为 1 时开始一个新的循环，循环时间是 LapTime 所指示的时间，当 Active 设定为 1 时才能激活计时器开始计时。其信号和属性说明见表 6-33。

表 6-33　StopWatch 信号及属性说明

属　　性	说　　明
TotalTime(Double)	输出总累计时间
LapTime(Double)	输出周期时间
AutoReset(Boolean)	在仿真开始时复位计时器
信　　号	说　　明
Active(Digital)	设定为 high(1) 时激活计时器
Reset(Digital)	设定为 high(1) 时复位计时器
Lap(Digital)	设定为 high(1) 时开始一个新的循环

2. "参数与建模" 子组件

本子组件的主要功能是可以生成一些指定参数的模型。本子组件包括 ParametricBox、ParametricCylinder 和 ParametricLine 等多种子组件。

（1）ParametricBox 用于创建一个指定长度、宽度、高度的矩形体。其属性和信号说明见表 6-34。

表 6-34　ParametricBox 属性和信号说明

属　　性	说　　明
SizeX(Double)	长度
SizeY(Double)	宽度
SizeZ(Double)	高度
GeneratedPart(Part)	已生成的部件
KeepGeometry(Boolean)	设定为 false 时放弃已生成的部件
信　　号	说　　明
Update(Digital)	设定为 high(1) 时更新已生成的部件

（2）ParametricCylinder 用于创建一个可以指定半径 Radius 和高度 Height 的实心圆筒，其属性和信号说明见表 6-35。

表 6-35　ParametricCylinder 属性和信号说明

属　　性	说　　明
Radius(Double)	半径
Height(Double)	高度
GeneratedPart(Part)	已生成的部件
KeepGeometry(Boolean)	设定为 false 时放弃已生成的部件
信　　号	说　　明
Update(Digital)	设定为 high(1) 时更新已生成的部件

（3）ParametricLine 用于创建给定端点和长度的线段，其属性和信号说明见表 6-36。

表 6-36　ParametricLine 属性和信号说明

属　　性	说　　明
EndPoint(Vector3)	直线的结束点
Length(Double)	长度
GeneratedPart(Part)	已生成的部件
GeneratedWire(Wire)	已生成的线框
KeepGeometry(Boolean)	设定为 false 时放弃已生成的部件
信　　号	说　　明
Update(Digital)	设定为 high(1) 时更新已生成的部件

（4）ParametricCircle 用于创建一个指定了半径 Radius 的圆，其属性和信号说明见表 6-37。

表 6-37 ParametricCircle 属性和信号说明

属 性	说 明
Radius(Double)	半径
GeneratedPart(Part)	已生成的部件
GeneratedWire(Wire)	生成的线框
KeepGeometry(Boolean)	设定为 false 时放弃已生成的部件
信 号	说 明
Update(Digital)	设定为 high(1) 时更新已生成的部件

（5）LinearExtrusion 用于面拉伸或沿着向量方向拉伸线段。其属性和信号说明见表 6-38。

表 6-38 LinearExtrusion 的属性和信号说明

属 性	说 明
SourceFace(Face)	表面进行拉伸
SourceWire(Wire)	线段进行拉伸
Projection(Vector3)	沿着向量方向进行拉伸
GeneratedPart(Part)	已生成的部件
KeepGeometry(Boolean)	设定为 false 时放弃已生成的部件
信 号	说 明
Update(Digital)	设定为 high(1) 时更新已生成的部件

（6）LinearRepeater 用于表示创建图形的复制。源对象、创建的对象、创建对象的距离等都由参数设定，其属性说明见表 6-39。

表 6-39 LinearRepeater 的属性说明

属性	说明
Source(GraphicComponent)	要复制的对象
Offset(Vector3)	在两个拷贝之间进行空间的偏移
Distance(Double)	拷贝间的距离
Count(Int32)	复制对象要创建的数量

（7）MatrixRepeater 用于表示在 3D 空间创建图形组件的拷贝，其属性说明见表 6-40。

表 6-40　MatrixRepeater 的属性说明

属　　性	说　　明
Source(GraphicComponent)	要复制的对象
CountX(Int32)	在 X 方向复制对象的数量
CountY(Int32)	在 Y 方向复制对象的数量
CountZ(Int32)	在 Z 方向复制对象的数量
OffsetX(Double)	在拷贝之间进行 X 方向的偏移
OffsetY(Double)	在两个拷贝之间进行 Y 方向的偏移
OffsetZ(Double)	在两个拷贝之间进行 Z 方向的偏移

（8）CircularRepeater　用于沿着图形组件的圆创建拷贝。其属性说明见表 6-41。

表 6-41　CircularRepeater 的属性说明

属　　性	说　　明
Source(GraphicComponent)	要复制的对象
Count(Int32)	复制对象要创建的数量
Radius(Double)	圆的半径
DeltaAngle(Double)	两拷贝之间的角度

3. "传感器" 子组件

"传感器" 子组件主要是创建一些具有能够检测碰撞、接触及到位等信号功能的传感器。

（1）CollisionSensor　用于创建对象 1 和对象 2 间的碰撞监控的传感器。如果两个对象中任何一个没有指定，则将检测所指定的对象和整个工作站的碰撞关系。若 Active 处于激活状态且 SensorOut 有输出时，将会在 Part1 和 Part2 中指示发生或将要发生碰撞关系的部件，其属性和信号说明见表 6-42。

表 6-42　CollisionSensor 属性和信号说明

属　　性	说　　明
Object1(GraphicComponent)	第一个对象
Object2(GraphicComponent)	第二个对象，或无法监测整个工作站
NearMiss(Double)	接近碰撞设定值，或已到达碰撞临界值
Part1(Part)	第一个碰撞部件
Part2(Part)	第二个碰撞部件
CollisionType(Int32)	碰撞 (2), 接近碰撞 (1) 或无 (0)
信　　号	说　　明
Active(Digital)	设定为 high(1) 时激活传感器
SensorOut(Digital)	当有碰撞或将要碰撞时变成 high(1)

（2）LineSensor　用于检测是否有任何对象和两点之间的线段相交。通过属性中给出的数

据可以设定线段传感器的位置、长度和粗细等。其属性和信号说明见表 6-43。

表 6-43　LineSensor 属性和信号说明

属　　性	说　　明
Start(Vector3)	起点
End(Vector3)	结束点
Radius(Double)	感应半径
SensedPart(Part)	已有的部件已靠近开始点
SensedPoint(Vector3)	包含的点是线段与接近的部件相交
信　　号	说　　明
Active(Digital)	设定为 1 时激活传感器
SensorOut(Digital)	当对象与线段相交时变成 high(1)

（3）PlaneSensor　用于监测对象与平面的接触情况。面传感器 PlaneSensor 通过确定原点 Origin、Axis1 和 Axis2 的 3 个坐标构建。并且在 Active 为 1 的情况下通过 SensedPart 监测和面传感器接触的物体，此时 SensorOut 也为 1。其属性和信号说明见表 6-44。

表 6-44　PlaneSensor 属性和信号说明

属　　性	说　　明
Origin(Vector3)	平面的原点
Axis1(Vector3)	平面的第一个轴
Axis2(Vector3)	平面的第二个轴
SensedPart(Part)	监测部件
信　　号	说　　明
Active(Digital)	设定为 high(1) 时激活传感器
SensorOut(Digital)	当对象与平面相交时变成 high(1)

（4）VolumeSensor　用于是否有任何对象在体积内，所设定的体积由角点、方向、长度、宽度、高度等数据设定完成。其属性和信号说明见表 6-45。

表 6-45　VolumeSensor 属性和信号说明

属　　性	说　　明
CornerPoint(Vector3)	角点
Orientation(Vector3)	方向
Length(Double)	长度
Width(Double)	宽度
Height(Double)	高度
PartialHit(Boolean)	检测仅有一部分位于体积内的对象
SensedPart(Part)	监测部件
信　　号	说　　明
Active(Digital)	若设为 high(1)，将激活传感器
SensorOut(Digital)	检测到对象时变为 high(1)

（5）PositionSensor 用于表示在仿真过程中对对象位置的监测，其属性说明见表 6-46。

表 6-46 PositionSensor 的属性说明

属　　性	说　　明
Object(IHasTransform)	要监控的对象
Reference(String)	坐标系统的返回值
ReferenceObject	参考对象
Position(Vector3)	位置
Orientation(Vector3)	指定对象的新方向

（6）ClosestObject 用于搜索最接近参考点或其他对象的对象。其属性和信号说明见表 6-47。

表 6-47 ClosestObject 属性和信号说明

属　　性	说　　明
ReferenceObject	参考对象，或无使用参考点
ReferencePoint	参考点
RootObject	搜索对象的子对象，或在工作站中无内容可搜索
ClosestObject	接近最上层对象
ClosestPart(Part)	最接近的部件
Distance(Double)	参考对象 / 点和已知的对象之间的距离
信　　号	说　　明
Execute(Digital)	设定为 high(1) 时找最接近的对象
Executed(Digital)	当操作完成时变成 high(1)

（7）JointSensor 用于在仿真期间监控机械接点值，其属性和信号说明见表 6-48。

表 6-48 JointSensor 属性和信号说明

属　　性	说　　明
Mechanism(Mechanism)	要监控的机械
信　　号	说　　明
Update(Digital)	设置为 high(1) 以更新接点值

（8）GetParent 用于获取对象的父对象，其属性说明见表 6-49。

表 6-49 GetParent 的属性说明

属　　性	说　　明
Child(ProjectObject)	子对象
Parent(ProjectObject)	父级

4. "动作"子组件

"动作"子组件主要是完成了与动作相关的一些功能的设置，如设置一些夹取、放置以及创建物件拷贝等功能都可以由本子组件来实现，本子组件包括 Attacher、Detacher、Source、Sink 和 Show 等 7 个功能组件。

（1）Attacher　用于表示将子对象 Child 安装到父对象 Parent 上。如果父对象为机械装置，还必须要指定机械装置的 Flange。其属性和信号说明见表 6-50。

表 6-50　Attacher 属性和信号说明

属　　性	说　　明
Parent(ProjectObject)	安装的父对象
Flange(Int32)	机械装置或工具数据安装
Child(IAttachableChild)	安装对象
Mount(Boolean)	移动对象到其父对象
Offset(Vector3)	当进行安装时，位置与安装的父对象相对应
Orientation(Vector3)	当进行安装时，方向与安装的父对象相对应
信　　号	说　　明
Execute(Digital)	设定为 high(1) 时安装
Executed(Digital)	当此操作完成时变成 high(1)

（2）Detacher　用于拆除一个已经安装的子对象。其工作过程为：当 Execute 进行置位操作时，Detacher 会将子对象从其所安装的父对象上拆除下来。如果 KeepPosition 处于勾选状态，则子对象的位置将保持不变；如果 KeepPosition 未处于勾选状态，则子对象将回到初始位置。其属性和信号说明见表 6-51。

表 6-51　Detacher 属性和信号说明

属　　性	说　　明
Child(IAttachableChild)	已安装的对象
KeepPosition(Boolean)	如果是 false，则已安装的对象已回到原始的位置
信　　号	说　　明
Execute(Digital)	设定为 high(1) 时取消安装
Executed(Digital)	当此操作完成时变成 high(1)

（3）Source　用于创建一个图形的拷贝。在 Execute 有效也就是置 1 的情况下，复制对象的父对象由 Parent 属性定义，而 Copy 属性则指定对所复制对象的参考。复制完成后，Executed 置位。其属性和信号说明见表 6-52。

表 6-52　Source 属性和信号说明

属　　性	说　　明
Source(GraphicComponent)	要复制的对象
Copy(GraphicComponent)	包含复制的对象
Parent	增加拷贝的位置，如果有同样的父对象，则无效
Position(Vector3)	拷贝的位置与父对象相对应
Orientation(Vector3)	拷贝的方向与父对象相对应
Transient(Boolean)	在临时仿真过程中对已创建的复制对象进行标记，防止内存错误的发生
信　　号	说　　明
Execute(Digital)	设定为 high(1) 时创建一个复制
Executed(Digital)	当此操作完成时变成 high(1)

（4）Sink 用于删除图形组件。具体执行过程为：在 Execute 置为 1 的情况下，删除 Object 所参考的对象，且删除完成后，将 Executed 置位。其属性和信号说明见表 6-53。

表 6-53 Sink 属性和信号说明

属　性	说　明
Object(ProjectObject)	要删除的对象
信　号	说　明
Execute(Digital)	设定为 high(1) 时移除对象
Executed(Digital)	当此操作完成时变成 high(1)

（5）Show 用于在画面中将该对象显示。在 Execute 置为 1 的情况下，显示 Object 中所参考的对象，且在完成显示后，将 Executed 置位。其属性和信号说明见表 6-54。

表 6-54 Show 属性和信号说明

属　性	说　明
Object(ProjectObject)	显示对象
信　号	说　明
Execute(Digital)	设定为 high(1) 时显示对象
Executed(Digital)	当此操作完成时变成 high(1)

（6）Hide 用于在画面中将对象隐藏。其执行过程与 Show 类似。在 Execute 置为 1 的情况下，隐藏 Object 中所参考的对象，且在完成显示后，将 Executed 置位。其属性和信号说明见表 6-55。

表 6-55 Hide 属性和信号说明

属　性	说　明
Object(ProjectObject)	隐藏对象
信　号	说　明
Execute(Digital)	设定为 high(1) 时隐藏对象
Executed(Digital)	当此操作完成时变成 high(1)

（7）SetParent 用于设置图形组件的父对象，其属性和信号说明见表 6-56。

表 6-56 SetParent 属性和信号说明

属　性	说　明
Child(GraphicComponent)	子对象
Parent(IHasGraphicComponents)	新建父对象
KeepTransform(Boolean)	保持子对象的位置和方向
信　号	说　明
Execute(Digital)	对 high(1) 进行设置以将子对象移至新的父对象

5. "本体"子组件

"本体"子组件主要是设置对象的直线运动、旋转运动、位姿变化以及关节运动等，包括 LinearMover、LinearMover2、Rotator、Rotator2 和 PoseMover 等 8 种运动方式。

（1）LinearMover　用于将对象移动到一条直线上。在 Execute 有效的情况下，按照 Speed 所指定的速度、按照 Direction 所指定的方向移动 Object。其属性和信号说明见表 6-57。

表 6-57　LinearMover 属性和信号说明

属　　性	说　　明
Object	移动对象
Direction(Vector3)	对象移动方向
Speed(Double)	速度
Reference(String)	已指定坐标系统的值
ReferenceObject	参考对象
信　　号	说　　明
Execute(Digital)	设定为 high(1) 时开始移动对象

（2）LinearMover2　用于移动一个对象到达指定位置，其属性和信号说明见表 6-58。

表 6-58　LinearMover2 属性和信号说明

属　　性	说　　明
Object(IHasTransform)	要移动的对象
Direction(Vector3)	对象移动方向
Distance(Double)	移动对象的距离
Duration(Double)	移动的时间
Reference(String)	已指定坐标系统的值
ReferenceObject	参考对象
信　　号	说　　明
Execute(Digital)	设定为 high(1) 时开始移动
Executed(Digital)	当移动完成后变成 high(1)

（3）Rotator　用于表示对象按照指定的速度绕着轴旋转。速度由 Speed 设定，通过 CenterPoint 和 Axis 设定旋转轴，并且在 Execute 处于置位的情况下，才执行旋转运动。其属性和信号说明见表 6-59。

表 6-59　Rotator 属性和信号说明

属　　性	说　　明
Object	旋转对象
CenterPoint	点绕着对象旋转
Axis	轴围绕旋转的对象
Speed	旋转速度
Reference	已指定坐标系统的值
ReferenceObject	参考对象
信　　号	说　　明
Execute	设定为 high(1) 时旋转对象

（4）Rotator2　用于表示对象绕着一个指定的轴旋转指定的角度，其属性和信号说明见表 6-60。

表 6-60　Rotator2 属性和信号说明

属　　性	说　　明
Object	旋转对象
CenterPoint	点绕着对象旋转
Axis	轴围绕旋转的对象
Angle	旋转的角度
Duration	移动的时间
Reference	已指定坐标系统的值
ReferenceObject	参考对象
信　　号	说　　明
Execute	设定为 high(1) 时开始移动
Executed	当移动完成后变成 high(1)
Executing	移动的时候变成 high(1)

（5）PoseMover　用于表示运动机械装置关节到达一个已定义的姿态。通过设定 Mechanism、Pose 和 Duration 等属性来实现。其属性和信号说明见表 6-61。

表 6-61　PoseMover 属性和信号说明

属　　性	说　　明
Mechanism	移动机械装置
Pose	姿态运动
Duration	运行时间
信　　号	说　　明
Execute	设定为 high(1) 时开始移动
Pause	设定为 high(1) 时暂停移动
Cancel	设定为 high(1) 时取消移动
Executed	当移动完成后变成 high(1)
Executing	当移动的时候变成 high(1)

（6）JointMover　用于设置机械装置中关节运动的参数，通过设定 Mechanism、Relative 和 Duration 等属性来实现。其属性和信号说明见表 6-62。

表 6-62　JointMover 属性和信号说明

属 性	说 明
Mechanism	移动机械装置
Relative	关节的值与当前姿态相关
Duration	移动的时间
信 号	说 明
GetCurrent	设定为 high(1) 时返回当前的关节值
Execute	设定为 high(1) 时开始移动
Pause	设定为 high(1) 时暂停移动
Cancel	设定为 high(1) 时取消移动
Executed	当移动完成后变成 high(1)
Executing	移动的时候变成 high(1)
Paused	当移动被暂停时变为 high(1)

（7）Positioner　用于设定对象的位置与方向，其功能通过设置 Object、Position、Orientation、Reference 及 ReferenceObject 等属性实现。其属性和信号说明见表 6-63。

表 6-63　Positioner 属性和信号说明

属 性	说 明
Object	移动对象
Position	对象的位置
Orientation	指定对象的新方向
Reference	已指定坐标系统的值
ReferenceObject	参考对象
信 号	说 明
Execute	设定为 high(1) 时设定位置
Executed	当操作完成时变成 high(1)

（8）MoveAlongCurve　用于沿几何曲线移动对象（使用常量偏移），通过设定 Object、WirePart、Speed 和 KeepOrientation 等属性来实现。其属性和信号说明见表 6-64。

表 6-64　MoveAlongCurve 属性和信号说明

属　　　性	说　　　明
Object	移动对象
WirePart	包含移动沿线的部分
Speed	速度
KeepOrientation	设置为 True 时可保持对象的方向
信　　　号	说　　　明
Execute	设定为 high(1) 时开始移动
Pause	设定为 high(1) 时暂停移动
Cancel	设定为 high(1) 时取消移动
Executed	当移动完成后变成 high(1)
Executing	移动的时候变成 high(1)
Paused	当移动被暂停时变为 high(1)

6. "其他" 子组件

（1）Queue　用于表示对象的队列，可作为组进行操作。其属性和信号说明见表 6-65。

表 6-65　Queue 属性和信号说明

属　　　性	说　　　明
Back(ProjectObject)	对象进入队列
Front(ProjectObject)	第一个对象在队列中
Queue(String)	包含队列元素的唯一 ID 编号
Number Of Objects	队列中对象的数量
信　　　号	说　　　明
Enqueue(Digital)	添加后面的对象到队列中
Dequeue(Digital)	删除队列中前面的对象
Clear(Digital)	清空队列
Delete(Digital)	在工作站和队列中移除 Front 对象
DeleteAll(Digital)	清除队列并删除所有工作站的对象

（2）ObjectComparer　用于设定一个数字信号输出对象的比较结果，其属性和信号说明见表 6-66。

表 6-66　ObjectComparer 属性和信号说明

属　　　性	说　　　明
ObjectA(ProjectObject)	第一个对象
ObjectB(ProjectObject)	第二个对象
信　　　号	说　　　明
Output(Digital)	如果对象相等，则变成 high(1)

（3）GraphicSwitch　用于设置双击图形在两个部件之间转换。其属性和信号说明见表 6-67。

表 6-67　GraphicSwitch 属性和信号说明

属　　性	说　　明
PartHigh(Part)	当设定为 high(1) 时为可见
PartLow(Part)	当信号为 low(0) 时可见
信　　号	说　　明
Input(Digital)	输入
Output(Digital)	输出

（4）Highlighter　用于临时改变对象颜色，其属性和信号说明见表 6-68。

表 6-68　Highlighter 属性和信号说明

属　　性	说　　明
Object(GraphicComponent)	高亮显示对象
Color	高显颜色
Opacity	融合对象的原始颜色 (0~255)
信　　号	说　　明
Active(Digital)	设定为 high(1) 时改变颜色，设定为 low(0) 时恢复原始颜色

（5）MoveToViewpoint　用于切换到已经定义的视角上，其属性和信号说明见表 6-69。

表 6-69　MoveToViewpoint 属性和信号说明

属　　性	说　　明
Viewpoint(Camera)	设置要移动到的视角
Time(Double)	设置运行时间
信　　号	说　　明
Execute(Digital)	设定为 high(1) 时开始操作
Executed(Digital)	操作完成时就变成 high(1)

（6）Logger　用于在输出窗口显示信息，其属性和信号说明见表 6-70。

表 6-70　Logger 属性和信号说明

属　　性	说　　明
Format(String)	格式字符。支持的变量如 {id:type}，类型为 d(double)、i(int)、s(string) 及 o(object)
Message(String)	格式化信息
Severity	信息等级
信　　号	说　　明
Execute	设定为 high(1) 时显示信息

（7）SoundPlayer　用于播放声音，其属性和信号说明见表 6-71。

表 6-71　SoundPlayer 属性和信号说明

属　　性	说　　明
SoundAsset(Asset)	播放声音的格式为 .wav
信　　号	属　　性
Execute(Digital)	设定为 high(1) 时播放声音

（8）Random　用于生成一个随机数，其属性和信号说明见表 6-72。

表 6-72　Random 属性和信号说明

属　　性	说　　明
Value(Double)	在最小值到最大值之间的随意一个数
Min(Double)	最小值
Max(Double)	最大值
信　　号	说　　明
Execute(Digital)	设定为 high(1) 时生成一个新的随机数
Executed(Digital)	操作完成后就变成 high(1)

（9）StopSimulation　用于停止仿真，其信号说明见表 6-73。

表 6-73　StopSimulation 的信号说明

信　　号	说　　明
Execute(Digital)	设定为 high(1) 时停止仿真

（10）TraceTCP　用于开启 / 关闭机器人的 TCP 跟踪，其属性和信号说明见表 6-74。

表 6-74　TraceTCP 属性和信号说明

属　　性	说　　明
Robot(Mechanism)	跟踪的机器人
信　　号	说　　明
Enabled(Digital)	设定为 high(1) 时打开 TCP 跟踪
Clear(Digital)	设定为 high(1) 时清空 TCP 跟踪

（11）SimulationEvents　仿真开始和仿真停止时发出的脉冲信号，其信号说明见表 6-75。

表 6-75　SimulationEvents 的信号说明

信　　号	说　　明
SimulationStarted(Digital)	仿真开始时发出的脉冲信号
SimulationStopped(Digital)	仿真停止时发出的脉冲信号

（12）LightControl　用于控制光源，其属性和信号说明见表 6-76。

表 6-76　LightControl 属性和信号说明

属　　　性	说　　　明
Light	光源
Color	设置光线颜色
CastShadows	允许光线投射阴影
AmbientIntensity	设置光线的环境光强
DiffuseIntensity	设置光线的漫射光强
HighlightIntensity	设置光线的反射光强
SpotAngle	设置聚光灯光锥的角度
Range	设置光线的最大范围
信　　　号	说　　　明
Enabled	启用或禁用光源

【项目评价】

项目 6 评价表见表 6-77。

表 6-77　项目 6 评价表

序号	任务	考核要点	配分	评分标准	得分	备注
1	工作站构建	导入机器人模型	1	能导入机器人模型		
		加载工具	2	能加载工具，独立完成得 2 分，在指导下完成得 1 分，未完成得 0 分		
		导入输送链	3	独立完成得 3 分，在指导下完成得 2 分，未完成得 0 分		
		制作物料	4	独立完成得 4 分，在指导下完成得 3 分，未完成得 0 分		
		导入垛盘	2	独立完成得 2 分，在指导下完成得 1 分，未完成得 0 分		
		导入栅栏和栅栏门	3	独立完成得 3 分，在指导下完成得 2 分，未完成得 0 分		
		导入 IRC5 Control-Module	3	独立完成得 3 分，在指导下完成得 2 分，未完成得 0 分		
		设置组件组	2	独立完成得 2 分，在指导下完成得 1 分，未完成得 0 分		

（续）

序号	任务	考核要点	配分	评分标准	得分	备注
2	创建输送链动态效果	设置输送链产品源	2	独立完成得2分，在指导下完成得1分，未完成得0分		
		创建输送链运动属性	3	独立完成得3分，在指导下完成得2分，未完成得0分		
		设置输送链限位传感器	3	独立完成得3分，在指导下完成得2分，未完成得0分		
		创建属性连结	5	独立完成得5分，在指导下完成得3分，未完成得0分		
		创建信号连结	5	独立完成得5分，在指导下完成得3分，未完成得0分		
		仿真验证	2	独立完成得2分，在指导下完成得1分，未完成得0分		
3	创建动态夹具	设置夹具属性	2	独立完成得2分，在指导下完成得1分，未完成得0分		
		设置检测传感器	5	独立完成得5分，在指导下完成得3分，未完成得0分		
		设置拾取和放置动作	5	独立完成得5分，在指导下完成得3分，未完成得0分		
		创建属性与连接	5	独立完成得5分，在指导下完成得3分，未完成得0分		
		创建信号和连接	10	独立完成得10分，在指导下完成得7分，未完成得0分		
		仿真验证	3	独立完成得3分，在指导下完成得2分，未完成得0分		
4	设定工作站逻辑	设定 I/O 单元	2	独立完成得2分，在指导下完成得1分，未完成得0分		
		添加和设置 I/O 信号	3	独立完成得3分，在指导下完成得2分，未完成得0分		
		设定工作站逻辑	5	独立完成得5分，在指导下完成得3分，未完成得0分		
5	创建工具数据	创建工具数据	3	独立完成得3分，在指导下完成得2分，未完成得0分		
6	程序的编制及调试	程序的编制及调试	7	独立完成得7分，在指导下完成得5分，未完成得0分		
7	安全操作	符合上机实训操作要求	10	违反操作要求1次扣2分，扣完为止		
总分						

【思考与练习】

1. 练习创建带导轨的机器人系统。
2. 简述 Smart 组件及其子组件的属性和功能。

【机器人小讲堂】

中国第一颗"返回式海底卫星"——"CR-01"6000m 自治水下机器人

"CR-01"6000m 自治水下机器人主要由载体系统、控制系统、水声系统及收放系统四大部分组成。机器人的长基线声呐定位系统可报告机器人的深度、高度和航向；机器人可根据水声信道发来的遥控命令上浮、下潜、左转、右转和结束使命等，实现了自治水下机器人从预编程型向监控型的转变。

1995 年 8 月，"CR-01"6000m 无缆自治水下机器人研制成功，成为世界上拥有潜深6000m 自治水下机器人的少数国家之一，标志着我国自治水下机器人的研制水平已跨入世界领先行列。

参考文献

［1］叶晖.工业机器人典型应用案例［M］.2 版.北京：机械工业出版社，2022.

［2］叶晖.工业机器人工程应用虚拟仿真教程［M］.2 版.北京：机械工业出版社，2022.

［3］叶晖，管小清.工业机器人实操与应用技巧［M］.2 版.北京：机械工业出版社，2022.